UP-BLOG
申込みが止まらないブログの作り方

佐藤旭 著
菅智晃 監修

信頼度UP! × 集客率UP!! × 成約率UP!!!

MERCHANT BOOKS
-vol.3-

厚有出版

What's Merchant Books ?

『マーチャントブックス』とは…？

少資金戦略の第一人者として創業以来数多くの起業家を世に送り出している（株）アイマーチャントの菅智晃が、ビジネスの垣根を超えた経営者の学びの場として2014年に立ち上げた『マーチャントクラブ』。

ここから、それぞれの強味や専門性を武器にさまざまなシーンで活躍する気鋭の起業家たちが著者となり、ビジネスに役立つ情報や飛躍のヒント、アドバイスを発信する書籍シリーズ、それが『マーチャントブックス』です。

株式会社アイマーチャント代表取締役
マーチャントクラブ主宰
マーチャントブックス監修

菅　智晃

マーチャントクラブ
ホームページ
https://merchantclub.biz/

はじめに――本書の特徴と使い方

初めまして。ブログ集客コンサルタントの佐藤旭と申します。本書をお手に取られているあなたは、ブログを使い集客をしたいとお考え、もしくは挑戦中だと思います。

ご存知の方も多いように、ブログは誰でも簡単にできる日記メディアとして広く普及しましたが、今そのあり方が変わりつつあります。

その最たるものが「オウンドメディア」です。ブログはただの読み物から、集客・セールスを目的とした情報発信型自社コンテンツとして、ビジネスへとつながる重要な役割を担うようになりました（▼P5図参照）。

ビジネスは集客ができなくては成立しません。従来のように、広告・営業活動はもちろん有効で普遍的なものではありますが、インターネットの登場とスマートフォンの普及が追い風となり、今や見込み客は情報を受け取るだけではなく、必要な情報を自分から探しに行くことが可能となりました。

つまりこれは、我々サービスや商品を提供する側から見て、アプローチできる方法が増えたということでもあります。

ブログはこうした自ら情報を取りに行く見込み客を対象にした集客メディアとして、今爆発的にその数を増やしています。

しかし、その多くは集客はおろか、アクセスすら集めることができず、消えていっています。

なぜだと思いますか？

これにはれっきとした理由があります。

本書では、その理由と改善策について筆者の経験をもとにお伝えしていきます。

3つのマーケティングチャネル

オウンドメディア

自社で運営するサイトを始め、ECサイトや自社発行の冊子やチラシなど自社の情報を発信するメディア。

アーンドメディア

FacebookやTwitterを代表とするSNSサービス。バイラルメディアと呼ばれ、情報の拡散を目的として活用されるメディア。

ペイドメディア

リスティング広告やアフィリエイト広告、マス広告等。広告費を出して、宣伝するメディア。

実は私自身、ブログで最初から集客ができていたかというと、そうではありません。むしろ始めてからの2年近い期間、一切成果が出ず、流行りのブロガーたちに比べて圧倒的に遅咲きでした。その間、さまざまなノウハウや専門書を参考に実践しては挫折することを繰り返し、その中で身に沁みて気づかされたことがありました。

それは「巷の書籍やノウハウは無数にあるけれども、ブログを集客メディアにするために必要な根幹の部分については、ほとんど触れていない」ということでした。このことに気づいてから実践したこと自体は非常にシンプルでしたが、効果は「集客に困らなくなる」という成果をもって実感することができるようになりました。

具体的には、修正後1年目にして約1000万円近い売上がブログのみからの集客で立てられるようになりました。

同時に、私のクライアントにも同じことを教え、実践してもらったところ、もれなく成果が出ました。具体的な例を挙げると、

● ブログからの集客が数カ月に1度↓毎月コンスタントに集客可能になった

はじめに

●過去最高の売上更新
●商業出版のオファー
●継続型ビジネスモデルの構築
●アクセス数前年比１２０％アップ
●メルマガリスト獲得数前年比３００％アップ
●前年比売上２００％強アップ

等です。

昨今のインターネット事情は刻々と変化してきています。Ｇｏｏｇｌｅのアップデート一つとっても年間に大小のアップデートが実施され、その度に検索順位の大幅な変動が起こっています。こうした情報だけを見ると「もうインターネット集客は無理かもしれない」と思われるかもしれません。

事実、度重なるアップデートにより通用しなくなった手法はいくつも存在します。しかし、こうした流行り廃りのある手法ではなく、「普遍的で、ここをしっかりクリアしなければ、何をやっても成果が出ないこと」がブログには存在するのです。要は、テクニック云々の前にやるべきことがあり、そこが押さえられなければ成果が出せない、ということです。

今ブログ市場は過熱していますが、９割以上の方が「そこは今、やらなくてもいいんですよ！」ということばかりにエネルギーと時間を奪われてしまっています。過去の私がそうであったように、残念ながら彼らはこの先成果を出すことは、まず難しいでしょう。なぜなら、本来やるべきことができていないわけですから。

こうしたお話をするととても残酷に感じられるかもしれませんが、それだけブログで集客をするための本質を知らない方がいるのが今のブログ業界です。

本書では、これからブログで集客をしたい方はもちろん、これまでブログを頑張って、頑張って、頑張ってきたけど、成果が出ずにもがき苦しんでいる方が、私のようにその状態を脱し、ブログでビジネスが広がることを願い、これまでの４年間の活動で得られた「ブログで集客し続けるためのエッセンス」を具体的にまとめました。

先にも述べたように、本書の内容は、非常に再現性の高いものとなります。中には「こんな基本的な捉え方でよかったのか！」と驚くほどシンプルな内容もあるでしょう。今までのブログの概念をリセットし、新たに取り組んでみてください。驚くほど成果が出てくるはずです。

また、一度読んで終わるのではなく、実践を通して成果につながりやすくしています。途中チェックシートがありますので、現状と照らし合わせ、問題の洗い出しと、改善点を明確にしながら取り組んでみてください。

1周目が終わったら、2周目、3周目……と繰り返し読み進めながらワークをすることで、あなたのブログは資産価値の高い集客ブログになっていきます。大切なことは、「シンプルだけどブログ集客に必要なことだけを無駄なく、繰り返し実践し続ける」ことです。

画面の向こうに、あなたの発する情報・サービスを必要としている方がいます。その方に1日でも早く届くよう、ご活用いただければ嬉しい限りです。

あなたが本書の内容を理解し、呼吸をするようにブログ運営ができるようになった頃には、あなたのブログにも「あなたのサービスが欲しいんです！」と多くのお客様が驚くほど訪れ、本来やりたかったビジネスにエネルギーと時間を十分に割ける状態になっているはずです。

もうすでにブログを始めている方も、最初は〈チャプター1〉から通してお読みになることをお勧めします。

実は、ブログ集客ができない多くのケースが「やっているつもり」と錯覚しているところにあります。成果が出ないということは、「できていないこと」「やり方が間違っていること」が必ずあります。「知っている」と「できる」は違うのです。それが何なのかを見つけることができれば、やることは自ずとシンプルになります。

繰り返し読み直し、実践を繰り返した先に、あなたが集客で悩まずに、本当に使いたかったことに時間とエネルギーが使えるようになっていることを願っています。

Contents

●本書で紹介している参照記事の中で、著者が運営・管理する『UP Blog』の記事URLについてはQRコードを併載しています。
●そのほかの参照記事については、2018年10月現在で公開されている記事のURLを記載しています。

Chapter 1

あなたのブログが打ち出の小づちに!?

WordPressがブロガーに愛される理由

この章（チャプター1）では、後発組でも勝てるブログでの集客・セールスの仕組み化に至るまでの最短ルートとその全体像として、改めてブログがなぜ集客に向いているのか、集客メディアやインターネット市場の動向、そして集客ブログにするためには何を使えば良いのかについて、お話ししています。

今この本をお読みのあなたはもしかしたら「もうブログで集客を実現するのにはタイミングが遅すぎたのではないか？」「これから挑戦するのはもう手遅れではないか？」と内心思われているかもしれませんね。参入者が増え続ける一方ですから、不安に感じるのも無理はないと思います。

しかし、ご安心ください。

結論を最初に述べると、「これからでもブログ集客は可能」です。しかも、「仕組み化することも可能だ」ということを付け加えさせてください。

原点回帰し、まずは気持ちを新たにブログに取り組む準備をしてください。

結局のところ、今ブログに求められていることは何か？

忙しい時間をやりくりして一所懸命にブログを更新しているのにもかかわらず、集客はおろかアクセス数も振るわず落ち込んでしまった…。もしかしたら、あなたにもそんな経験があるのではないかと思います。

このブログを更新しても成果が出ない状況を1日も早く脱するためには、まず無駄を一切省き、最短最速で集客ができるブログにするためのロードマップを知ることが大切です。「集客とセールスが仕組み化されたブログの全体像」を確認しながら「進め方を決める」ことができたなら、それはすなわちカンニングペーパー片手にテストに挑むようなものです。

しかし、実際のところブログを始めたものの「何に」「どれだけ」時間を割けば良いのかがわからず、さまざまなノウハウを調べるために検索をしたり、セミナーに参加したり、書籍を購入して勉強し、時間を見つけては記事を書くということをされてはいないでしょうか？

実は、多くのブロガーは大きな勘違いをしています。それは、「仕組みの基礎構築に大きな時間をかけることが重要だ」と思い込んでいることです。実は、**時間をかけるのはある程度仕組みの基礎ができた中盤以降であり、初動においてはとにかく時間をかけない**ことこそが肝要なのです。

つまり、**ブログで集客をするためには、〈集客の手順〉がきちんと存在するということ、そしてその手順に沿っていけば必然的に集客ができるブログが構築できるのだということを、あなたには強くお伝えしたいのです。**

あなたが実現可能なブログの未来をまずは知ってください。

メルマガ？　新興ＳＮＳ？
いや、集客とセールスを自動化するなら
断然ブログでしょ！

「もうブログは古い」なんてことを、1度は見聞きしたことがあると思います。

でも、改めて私から言わせていただきます。ブログは今なお、集客が継続して行える最強のビジネスツールの中心的存在です。

冒頭でも述べたように、私自身も2年近くブログで集客ができずにもがき苦しみました。しかし、「本当に必要な要素」を知ったことで、

- 広告運用なし
- 営業活動なし
- 売り込みなし
- 過剰な演出をしたＳＮＳ投稿なし

という条件でも、毎月一定数の集客がブログだけでできるようになりました。

そしてクライアントに教え、実践してもらったところ、成果が出ていることから非常に再現性が高いことも実証できています。

だからこそ、私はブログが最強だと言い切れるのです。

イギリスの調査機関によると、Googleにおける年間での検索数は2兆回という、天文学的なデータが発表されています。

このインターネットの一般化によって特需が生まれたのが「インターネット上の情報」であり、その情報源としてブログもその一つに加わりました。

しかしながら、実は今もなお不足している情報があります。

それは**「専門家による情報」**です。

つまるところ、あなたが発信する情報が今インターネット上で必要とされているわけなのです。

それもそのはず。専門家はブロガーではありませんから、専門分野の知識はあれど、何をどのようにすればブログにアクセスを集められるのかを知りません。そのために、多くのブログ運営者がある2つの大きな過ちを犯しているという事実に気がついていません。

1つは、ブログがあればなんとかなる。つまり、ブログを立ち上げさえすれば勝手に見込み客が集まってくれるという偏見です。

もう1つは、情報さえあれば見込み客に勝手に必要性を感じてもらえ、手に取ってもらえるという勝手な思い込みです。そんなことが通用したのは、もう10年以上前の話です。

これらの過ちが思い当たったら、今すぐにその考えを捨て去ってください。

では、今ネット上でユーザーは何を求めているのでしょうか?

もはやユーザーは商品スペックに興味なし!?
情報過多なネットでどこが見られているか？

昨今、市場では類似した商品・サービスの数が増えたことにより、ユーザーは何が自分にとって良いのかの判断がしにくくなってきました。（10年ほど前であれば、情報が限定的だった為、ある意味選ぶ余地がなかったということも言えます。）

それに伴い、求める情報の傾向が、スペックなど製品情報そのものよりも「本当に自分の悩みの解決につながるのか？」「いかに自分の生活を豊かにしてくれるのか？」といったニーズ、さらには「こんなことができるなんて知らなかった！　自分も欲しい！」といったウォンツにつながる情報に移行してきています。

簡単に言うと、**検索され、求められる内容が、従来の辞典や電話帳のような単なる情報から、生活をよりよくする方法につながる情報へとシフトしてきている**ということです。

それに応えられるのは、例えば口コミサイトやお悩み相談サイト、また個人のレビューや検証結果などが挙げられます。そのことを裏付ける根拠として、今人気のブロガーやＹｏｕＴｕｂｅｒのコンテンツはいずれもユーザー自身は実際にできないけれど、知りたい情報や新しい発見などがメインとなっています。

ユーザーが求めている情報の中で、スペック情報はもはや必要とされている情報の一部にすぎません。つまり、単なる情報サイトでは集客は困難になってきているのです。

結局のところ、ユーザーの購買行動につなげるのは「自分の欲求を満たせるのか？」「悩みや問題を解消してくれるのか？」そして、「それを手にすることで自分の未来はどう変わるのか？」が伝わり、イメージができた時です。

そこで今改めて見直されているのが、「ブログ」の存在です。

ブログは単なるスペックのみではなく、比較や使用感、発信者にとってその商品や情報がどのような影響を与えたのかをリアルに伝えることができる、非常に付加価値の高いツールなのです。

ブログが情報源とされた理由として、専門的な知識がなくても気軽に誰でも簡単に、情報発信ができるブログサービスが多数出てきたことにより、さまざまな情報を誰でも容易に発信したり、得られるようになったことが挙げられます。

例えば、特定の場所へ行こうか迷っている人。商品の購入を検討しているユーザーにとって、同じ消費者目線で書かれたレビューや体験記は大きな判断材料になります。

あなたも何処かにお出かけしようとした時、何か食事に行こうと思った時、商品の購入に迷った時などにインターネットで誰かのブログ記事を参考にした…といったことがきっとあるはずです。

このように、一般ユーザーが求める情報がそのブログにも多く含まれていることから、検索をした時に有益な情報だと検索エンジンに判断されたものが検索結果に表示されるようになりました。

つまり、**購入時などアクションを起こす際の重要な判断材料として、ブログの情報も用いられるようになった**わけです。検索されるキーワードのバリエーションが爆発的に増えたことも、それを裏付けています。

ブログの最大の特徴は、ユーザーの欲しい情報を企業側からの一方的なメリット提示ではなく、同じユーザー目線で発信でき、受け取れること。そして、さらにその情報が検索エンジンを中心に

拾われやすく、かつ有益な情報としての判断材料になりやすい点です。

そこに目をつけた個人のブロガーを起爆剤としてスモールビジネスオーナーや大手企業が続々と参入し、加熱している。それが、今のブログ市場なのです。

インターネットが当たり前になったことで、消費者は購買・来店の前に「ネットで調べる」という行動を起こすようになりました。私はかつて店頭で販売の仕事をしていたのですが、スマートフォンや事前にインターネットで調べた情報のプリントを片手に「現物を確かめに来る」という目的で来店される方が多かったことがとても印象に残っています。

中には、「後はネットレビューを読み込んでから判断をする」という方もいらっしゃいました。購入のキッカケが店頭からインターネットへと移行していることを肌でひしひしと感じた瞬間でもありました。

このように、**ウェブサイトであれ、ブログであれ、今やインターネット上に情報表示されないことは、むしろ売り手としては大きなリスクとなっています。**

ユーザーの行動の変化は、**図1①**にお示ししているように、購買（行動）の前に検索（比較される）

というアクションが増えました。

さらに、細分化された『AISCASモデル』が今のインターネット時代のユーザー行動を示すものとなっています。

ご覧の通り、情報発信されていないことがいかにリスキーであるか、おわかりいただけたかと思います。

ブログは単なる情報発信媒体ではありません。それどころか、やり方一つであなたのもとへ絶えず見込み客を集め続けてくれる「強力な集客ツール」となり、あなたのビジネスを支え続けてくれるのです。

図1① インターネットの登場によるユーザー行動の変化

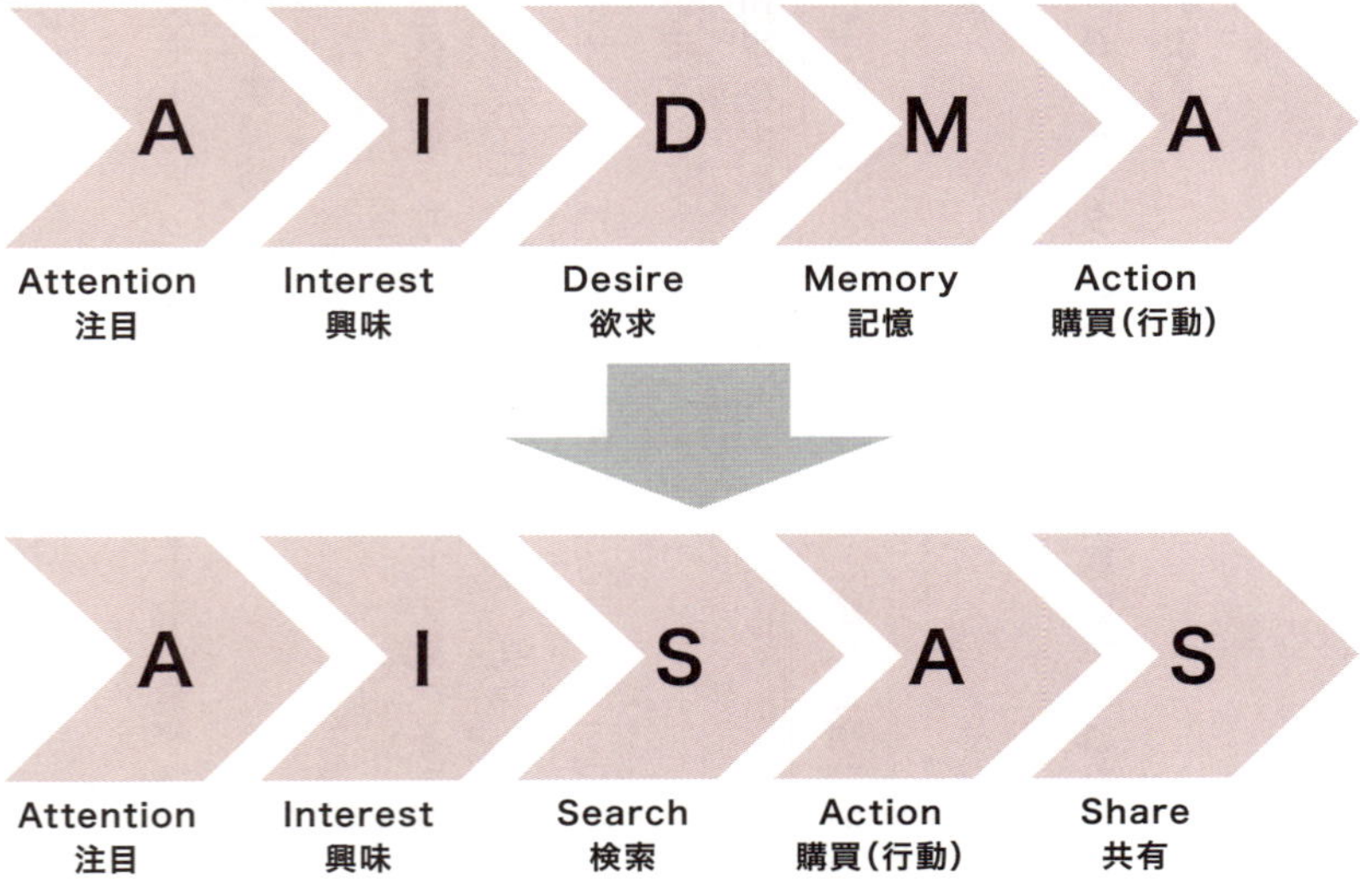
A
I
D
M
A
Attention
注目
Interest
興味
Desire
欲求
Memory
記憶
Action
購買(行動)
A
I
S
A
S
Attention
注目
Interest
興味
Search
検索
Action
購買(行動)
Share
共有

ブログ集客が仕組み化するまでのロードマップ マーケットイン、マーケットアウトを使い分けるＰＤＣＡとは？

「ブログは作ったらそれで終わり。後は記事を更新するだけだ」と思われている方が非常に多くいます。が、もしあなたもそうなら、今すぐ認識を改めてください。実は、**ブログは作ってからが本番です。**なぜなら、立ち上げたばかりのブログが最初から集客に最適化されているわけではなく、運営をしながら改良を加えていくことで初めて集客導線を作ることができるからです。

また同時に、初回で１００％成果が約束されたブログを作ること自体が難しく、運営していく中で見込み客に最適化されていくものでもあるからです。

この最適化に欠かせないのが、ブログにおける「ＰＤＣＡ」です。

ＰＤＣＡという言葉はさまざまなビジネスシーンで使われるので、あなたもご存知ではないかと思います。ブログにおけるＰＤＣＡについては、**図１②**をご参照ください。

私がこれまでの4年間見てきた中で、ブログで成果が出ない方は共通するPDCAの回し方をしていることに気がつきました。

それは、**「ずっとDo」ばかりしている**ということです。例えば、

- とにかく記事を書き続けたり
- ブログのカスタムばかりをしたり
- ノウハウやテクニックの収集に励んだり……

やっていること自体は一概に間違っているとは言い切れません。しかし、**PDCAサイクルは回さないことには集客につなげることができません。**「何を目的として誰を対象に何を発信するのか」

これがあやふやなままですと、アクセスはあるのに、集客ができないブログになってしまうのです。

さて、ではこれからこの4ステップを踏んで仕組み化を進めていきますが、第1周目ではまず成果がほとんど出ません。と言うのも、十分な知識や経験、コンテンツが揃っていないことから、仕組み化の要ともいえるSEO対策が十分にできないからです。

ですが、安心してください。

図1② ブログのPDCAサイクルとは

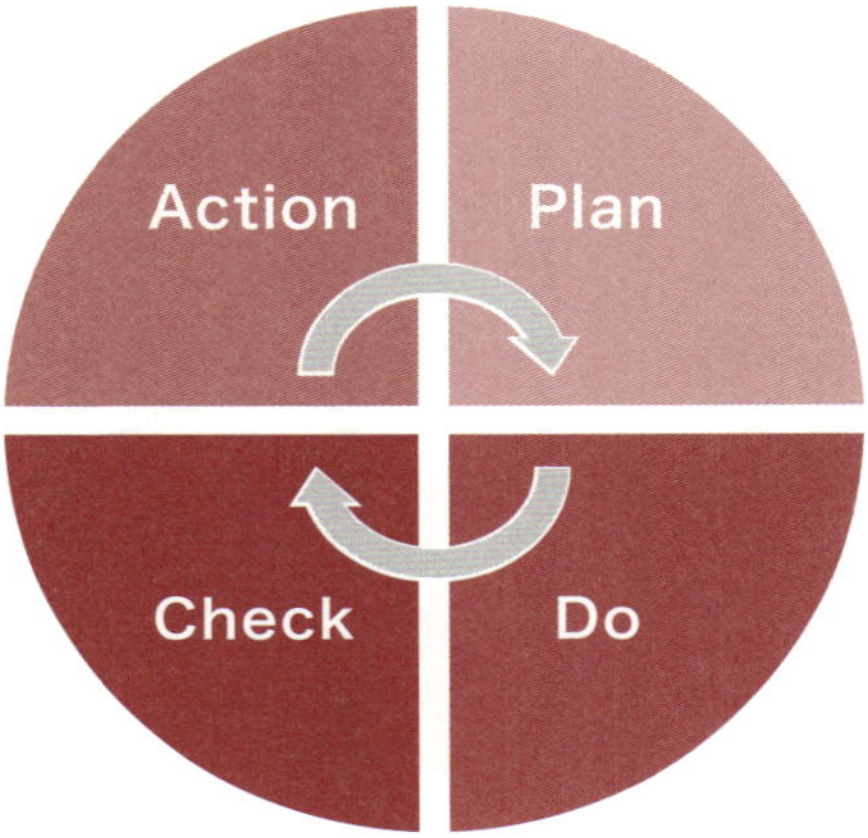

PDCAサイクルとは、

Plan　（計画）
Do　（実行）
Check　（解析を通したフィードバック）
Action　（改善点の洗い出し）

この4つの頭文字をとったものです。
このサイクルこそがブログ集客を盤石なものにしてくれるのです！

たとえ1周目で思ったほどの成果が出なくても、2周目以降で必ず成果が出るようになります。

ブログを仕組み化するためには、大体3か月を目安に1回PDCAを回すようにしてください。

なぜなら、期間が短かすぎると解析に必要な十分なデータが揃わないためです。

また、期間が長すぎると「本来はやらなくてもいい作業」に気づかないうちに時間を割いてしまうケースが多くあるからです。

もう一点、ブログの仕組み化をするためには、ただPDCAを回せばいいわけではありません。**図1③**の順番で行うようにしてください。

つまり、まずは**「あなたがやりたい！」と思ったことをそのまま形にしてみても何ら問題ない**のです。

なぜかというと、最初に「マーケットイン」の市場ニーズばかりに引っ張られると「他と何も差がないコンテンツ」になってしまうからです。

ただし、「プロダクトアウト」のまま進めると、完全な自己満足ブログになってしまいます。実はこれは「アクセスがない」「読まれない」「売れない」ブログに共通する特徴なのです。

このように、どちらに寄りすぎても集客は仕組み化できません。

図1③ ブログはこの流れが
一番作りやすく、成果が出やすい！

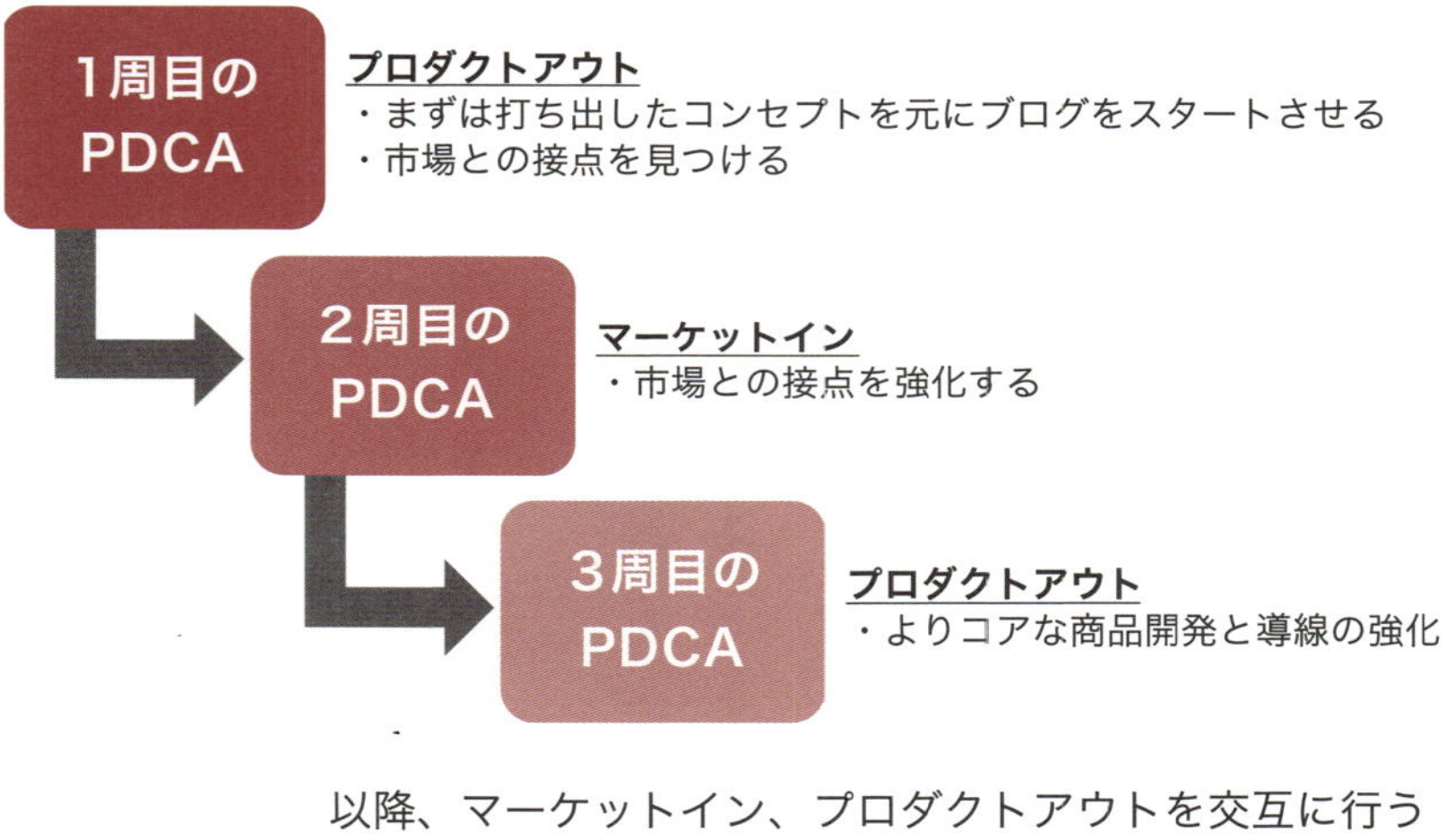
1周目の
PDCA
プロダクトアウト
・まずは打ち出したコンセプトを元にブログをスタートさせる
・市場との接点を見つける
2周目の
PDCA
マーケットイン
・市場との接点を強化する
3周目の
PDCA
プロダクトアウト
・よりコアな商品開発と導線の強化
以降、マーケットイン、プロダクトアウトを交互に行う

プロダクトアウトとは、「作り手が良いと思うものを作って販売する」等作り手の論理を優先させる方法です。

マーケットインとは、ニーズを優先し、顧客視点で商品の企画・開発を行い、提供する手法を指します。

先にお話をしたプロダクトアウトからスタートするPDCAを交互に回していくことで、**図1④**のように「あなたの集客できるポイント」がハッキリとしていくのです。

ですので、焦らずに1つひとつのステップをしっかりと踏んで進めていきましょう。

以上の点を踏まえた上で、ブログPDCA1周目の流れを解説していきます。

このPDCA1周目の最大の目的は「あなたのサービス」と「見込み客のニーズ」の接点を見つけ出すことにあります。

商品が魅力的なのに、集客ができないブログの最大の問題点は「接点がないこと」です。接点さえ持てればそこからアプローチすることができますから、それがいったい何なのかを探すのです。

具体的な流れは**図1⑤**をご参照ください。

1周目のPDCAでは、商品やサービスは仮で問題ありません。

ブログは、運営をしていく中で読者さん・見込み客のニーズが見えてくるので、徐々にそれに応えられるようになれば大丈夫です。次第に「この商品・サービスもいいな」と浮かんでくるようになります。

このPDCAを回し、記事で読者さんの悩みに答えながら、「こんな解決方法もありますよ」「こ

図1④ 目指すのはこのカタチ

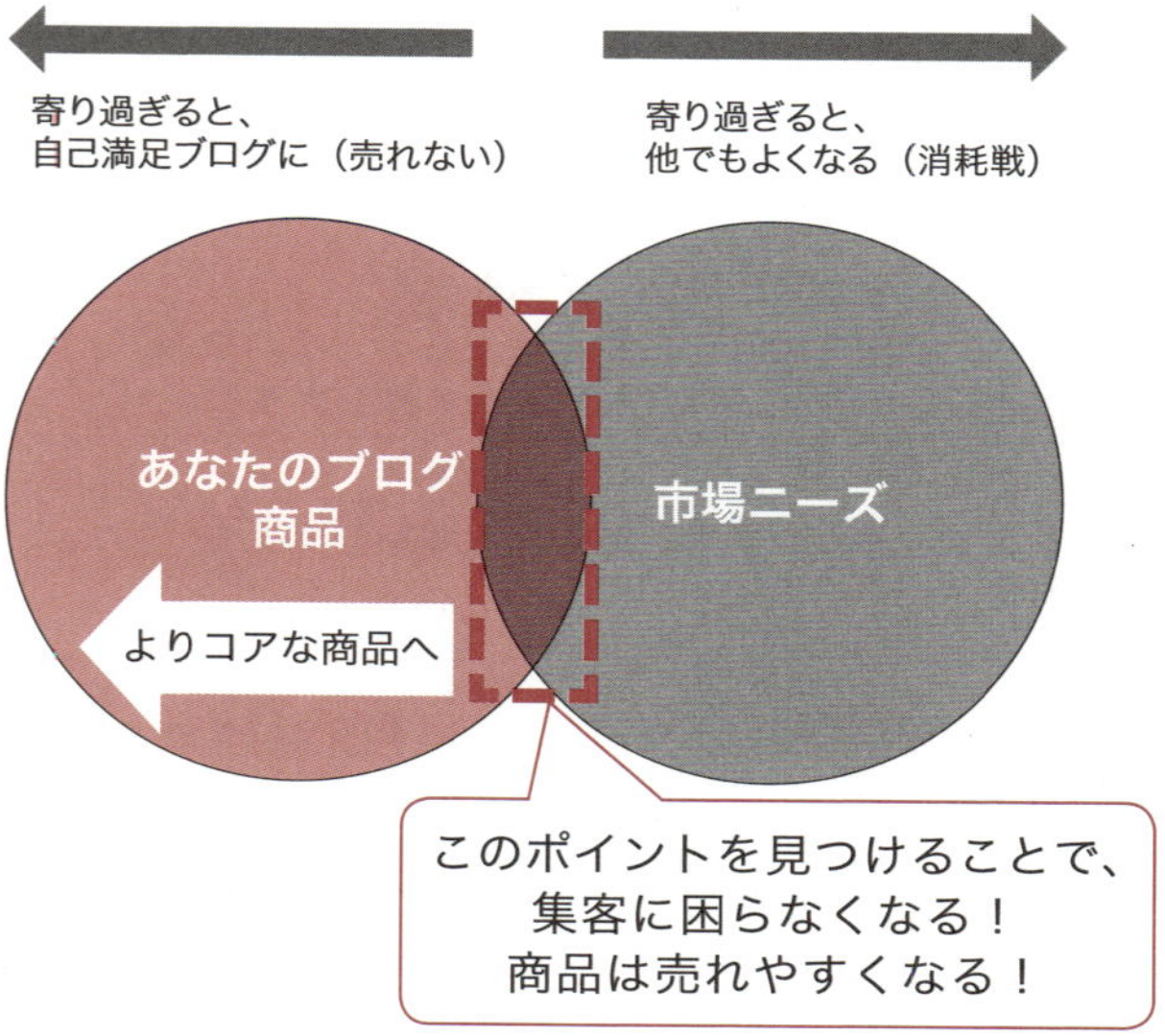
寄り過ぎると、
自己満足ブログに（売れない）
寄り過ぎると、
他でもよくなる（消耗戦）
あなたのブログ
商品
市場ニーズ
よりコアな商品へ
このポイントを見つけることで、
集客に困らなくなる！
商品は売れやすくなる！

何よりも大切なのは、市場との接点を見つけ、そこからあなたのコアな商品へとつなげることです。

ですのでどちらかに寄りすぎないように、プロダクトアウトとマーケットイン両方の視点が大切なのです。

図1⑤　ブログPDCA 1周目の流れ

P

まずは仮でゴールを決める
・コンセプト（あなたがブログで出したい成果の方向性）
・ターゲット（見込み客になりえる読者は誰？）

D

決めたコンセプトに沿い、記事を書く
・メインとなるのは、お悩み解決系 / ノウハウ系
・販売したい商品・サービスを仮で打ち出す

C

ここまでの活動結果を『解析』を通し回収する
・解析ツールの活用

A

『解析』結果から以下を選定し、記事のリライト・新規作成案決め
・ゴールにつながる記事のリライト
・スタートとなるアクセスが増やせる記事のリライト
・コンテンツの整理、コンセプト・ターゲットの見直しを行う

ここでやったことが２周目以降に大きく役立つので、１周目はまずはやってみる感覚で大丈夫です！

んな商品でも解決できますよ」と提案することで、読者さんがあなたの販売したい商品・サービスに興味を持ってもらえるきっかけがどこにあるのかを探していきます。

お気づきになられたと思いますが、**ブログで集客をするには、段階的にブログ全体の見直しが必要**になります。言うなれば、**ブログを進化させていく**という表現が合っているかもしれませんね。

見直しが必要な主な理由として

- ターゲットに向けた記事の書き方
- 集客導線の把握と強化
- コンセプトのブラッシュアップ
- ターゲットのブラッシュアップ
- ニーズに最適化させたブログ構成
- 関連コンテンツの紐づけとユーザビリティ向上

等、これらを実施することで集客に最適化させるためです。

詳しくはこの次のチャプターから順番にお伝えしていきますが、ブログは作ったらあとは記事を更新するだけではなく、**随時見直しをして最適化させることが必要**です。その上で、**段階的に集客力が強くなっていくのです。**ここはしっかり押さえておいてください。

無料ブログはコスト削減どころかただのロスです！ブログはWordPressしか推さない10の理由

いきなりですが、最初に申し上げておきます。

あなたが本気でブログ集客を継続して実現されたいのであれば、無料ブログサービスは今すぐやめてください。

ブログを使った情報発信をするにあたっては、無料サービスが数多くあるので迷う方も多いと思います。ですが、**私は以下の10の理由からWordPress（ワードプレス）一択でクライアン**

トには勧めています。

❶Ｇｏｏｇｌｅも公認！　ＳＥＯに圧倒的有利
❷基本無料で専用ソフト不要！　誰でも今すぐ構築が可能
❸専門的な知識不要！　自分好みのブログが作れる！
❹大幅なコストカット！　少資金で構築できる
❺毎月の維持費が圧倒的に安い
❻ブログと並行してＥＣショップなども運営可能
❼シンプルな操作性＆管理システムも魅力
❽レスポンシブ対応（スマホ表示対応）にできる
❾カスタム・変更がしやすくて柔軟性に富んでいる
❿いつでも最新版！　時代の流れについていける

ここでは1つひとつの詳しい説明は省略しますが、それでもＷｏｒｄＰｒｅｓｓがいかに集客ブログ用の媒体として適しているかということがおわかりいただけたと思います。

最初にお話ししたように、本書は「ＷｏｒｄＰｒｅｓｓで集客とセールスが仕組み化された資産型ブログを作る」ことを前提に書かれています。もうすでにＷｏｒｄＰｒｅｓｓでブログ運営されている方はこのまま本書を読み進めていただいてＯＫです。もしまだ持っていなければ、この機会にぜひ導入されることをお勧めします。

先に掲げた「ＷｏｒｄＰｒｅｓｓで集客力・ＷＥＢマーケティングに強い10の理由」の詳細、ＷｏｒｄＰｒｅｓｓブログの始め方の手順等については、私の運営するＵＰブログで解説していますので、ご参照ください。

■ＷｏｒｄＰｒｅｓｓブログマニュアル特設ページ

［ＵＲＬ］https://infinityakira-wp.com/wordpress-web-manual/

Column 1 誰が記事を書いているのか？ 今後ますます重要になるプロフィール

今や知りたいことの９割はインターネット上に載っていると言われています。ですが、その情報の信憑性となると話は変わってきます。溢れるほどの情報が飛び交い、模倣記事も増えている今、ユーザーは「誰が書いているのか」という部分にも意識が向いています。検索したキーワードに対して回答する記事を書くのはもちろん、CTAにつなげるためのワンポイントとしてプロフィールをしっかり固めましょう。

プロフィール項目は、基本情報（写真、名前、会社名及び屋号、肩書き）に加えて、経歴、趣味（資格、家族、スポーツ、好物)、実績（売上とは限らない。数字を入れる)、セミナー関連実績（タイトル、規模、時期)、マスコミ掲載歴（媒体名、雑誌名、時期)、保有メディアなど、書ける部分から書いていきましょう。実践を通じてプロフィールをアップデートしていくことで、専門家として認識されるようになります。

顔が見えずに無機質になりがちな企業の発信記事においても、執筆者のプロフィールを書くことで、読まれただけで終わらないメディアに昇華していきます。

プロフィール実績には必ず
数字を入れましょう！

Check List

Chapter 1の振り返り

- □ ブログには5つの強みがある
- □ 広告を逐一打たなくても毎日見込み客が集まってくる
- □ ファン化につなげやすく見込み客の育成ができる
- □ 記事を通して潜在的なニーズを引き出し、ウォンツに変えていける
- □ 情報が蓄積することでブログが資産化していく
- □ ブランド力が強化され、強豪との差別化が図れる
- □ ブログは作って終わりではなく、トライ＆エラーで最適化・仕組み化されていく！
- □ ブログを始めるなら、ＷｏｒｄＰｒｅｓｓがお勧め！

あなたのブログの穴を埋めたのなら、Chapter 2に進みましょう！

Chapter 2

「あなたがいい！」という見込み客を惹きつける

ターゲット・コンセプト・カテゴリーの関係

このチャプターでは、ブログで集客をする上で避けては通れない「コンセプト」「ターゲット」の決め方や、またそこから集客に適したブログへと広げていく方法について解説します。特に大切なセクションでは、ワークも挟みながら理解を深めていただきます。

もしあなたが今ブログを持っているとしたら「自分はすでにテーマを打ち出してブログを開設しているのだから、コンセプトとターゲットなら明確なはず！」と思われたかもしれませんね。しかし、一方であなたが「ブログに何を書けばいいのかがわからない」「この情報が見込み客に求められているはずなのに、一向に読まれる気配がない」ということで悩んでいるのであれば、実はこの「コンセプト」と「ターゲット」が定まり切っていない可能性が非常に高いのです。

〈チャプター3〉以降で集客ブログの作り方、記事の書き方、SEO対策、仕組み化と解説しますが、このターゲットとコンセプトがブレたままでは、いくらアクセスが集まっても、対象ではない方からのアクセスばかりで集客につながらない中途半端なブログになってしまいます。

ブログの成果を二分するほどに重要なポイントとなる「コンセプト」と「ターゲット」。まずはあなたのブログでこの2つをしっかりと固めましょう！

ブログは一体誰のため? あなたを必要とするターゲットの決め方とコツ

まずは、『集客ブログ構築に必要なターゲット(見込み客)の設定方法』を解説していきます。

あなたの持つ商品・サービスがたとえどれだけ優良なものであったとしても「これが欲しかったんです!」と必要とする方に知ってもらえないことには、存在しないことと同意になってしまいます。
そうならないためには、「誰に」というターゲット、つまりは見込み客がいったいどんな人物なのかを、まずは明確にすることです。(ブログでよく「ペルソナ」と言われることもありますが、本書では「見込み客」または「ターゲット」と表記します。)

あなたのブログ記事の主な目的は、**ターゲットの悩みを解消させたり、欲求を満たす**ことです。
そして、そのさらに先にある、あなたのブログのコンセプトでもありゴールとなる**商品やサービスの存在を知ってもらい、必要性を感じてもらう**こと。これに尽きるのです。

初期段階では仮で大丈夫です。なぜなら、運営をしていく中で、〈チャプター1〉でお話ししたPDCAを回しながら解析し、修正を施していけるからです。

まずはブログ全体のターゲットを決めますが、記事ごとにも細かく分かれることがありますので、〈あなたの商品・サービスのターゲット〉という捉え方で進めましょう。

ブログで一番大切なのは、〈あなたの持つ商品や情報・ノウハウがどんな悩みを抱えた人の役に立てるのか〉です。

では、ここで最初のワークです。

UP WORK

1）自分はこういう人の役に立てる！　こういう人の悩みを解決できる！　という自分の強みを10個以上書き出してみましょう。

あなたがブログを通してやりたいこと・販売したいサービスや商品をベースに考えていただいて

構いません。『どんな悩みに答えられるのか？』を考えて書き出してみてください。

これこそが自分の強み！
❶
❷
❸
❹
❺
❻
❼
❽
❾
❿

書き出せましたか？　10個思いつかなければ、思いつく限りでも構いません。思い出したら書き足してくださいね。

では、次のワークに進みましょう！

UP WORK

2）ターゲット（ペルソナ）が今解決すべき一番深い悩み、「考え出したら夜も眠れなくなる」課題は何か、考えていることを書き出してみましょう。

悩みを抱えている人は、その今抱えている悩みや問題だけではなく、**根本的に解決をしたい潜在的な悩みや課題**があります。

例えば、ＷｏｒｄＰｒｅｓｓのプラグインのことで悩んでいる人は、九分九厘「プラグインの解決をしたい」という課題解決の先に「ＷｏｒｄＰｒｅｓｓブログを完成させたい！」という根源的な悩みを抱えています。

つまり、プラグインは悩みの一部でしかないのです。

さて、あなたのターゲットの場合はどうでしょうか？

ターゲットが今解決すべき悩みは何か？
❶
❷
❸
❹
❺

いかがですか？　ターゲットの立場になって、悩みの根源を探ってみてください。

では、次のワークに進みます。

UP WORK

3）ターゲット（ペルソナ）が悩みを解消した先にあるゴール・目標は何か、書き出してみましょう。

ターゲットが抱えている悩みは、解消したいだけではなく、解消することによって得たいその先の結果があります。

例えば、痩せたい方はダイエットをしたいだけではなく、異性からモテたい、店頭で一目ぼれした服を着たい等、ダイエットしたことによりチャレンジできることがありますよね。そのような、悩みを解決したもう一歩先にある実現したい目的や夢のことを指します。

ターゲットの悩みの先にあるゴールや目標

❶

❷

❸

❹

❺

1つの悩みで解消することもありますし、複数の悩みや問題を解消しないといけないケースも存在します。果たしてその先にあるゴールは何か？　何をしたくて・どうなりたくてその悩みを抱えているのか？　そのあたりをじっくりと考えて書き出してください。

UP WORK

4）ここまでを振り返って、あなたはあなた自身が考えたターゲットの悩みに対し、どんなことで役立てるのか書き出してみましょう。

ここで改めて、ターゲットの悩みに何が役立てるのかを整理してみましょう。

あなたの持っている知識・経験・情報源。知っている商品・サービス……等。これは、ブログの方針決めをする上でも重要なポイントになります。

❶
❷
❸
❹
❺

あわせて、想定しておきたいターゲット像の設定をしましょう。

以上の課題に加え、以下の事項もリストアップできればなおベターです。これらは、今後ブログをシェアする媒体や記事を更新する時間帯、デバイス最適化といったことを決めていく上で、かなりのヒントになります。

また、〈チャプター4〉でも使用しますので、洗い出しておきましょう。

- ターゲットの情報源は？
- よく使うデバイスは？（パソコン？　スマホ？　タブレット？）
- よく読む雑誌・ブログ・WEBサイトは？
- よく使うSNSは？
- どんなシーンで悩みに関する検索をする？
- 主にネットを使う時間帯は？
- なぜ今まで悩みを解消できなかったのか？

UP WORK

1）〜4）の情報をもとにターゲットとその悩み、そしてあなたの強みを組み立てるワークをしましょう！

今回のワークの情報をもとに以下の①〜③を考えてみましょう！

①

という悩み・課題がある人に

②

という私の強みを使って

③

という明るい未来を手にしてもらう！

さて、ワークを通して、あなたのターゲットは見えてきたでしょうか？

ブログの方向性や記事の内容に困った時は、このワーク結果を振り返り「この結果に沿っているのかどうか」をチェックするようにしましょう。

ここで忘れないでいただきたいことがあります。それは**「ターゲットの問題解決の過程にあなたの商品やサービスが絡む」**ということです。どの過程で絡めるか、常に意識してください。

あなたのブログは何が目的ですか？コンセプトの決め方とコツ

次に、『集客できるブログ構築に必要なコンセプトの設定方法』について、ワークを行いながら解説していきます。

ブログ構築におけるコンセプトの定義は、**〈どんな人〉の〈どんな悩みや欲求〉に〈あなたのブログはどのようにして答え（応え）られるのか〉**です。ここもターゲット同様初期段階は仮でも大丈夫です。

では、始めましょう。

UP WORK

1）ターゲットを決める

先ほどのターゲット選定ワークをもとに、どういった方の悩みに応えることができるのか、またその悩みを解決したいと思った方が解決策を知っても行動できないのはなぜなのかについて、それぞれの項目ごとに考えて書き出してみてください。

❶ ターゲットの悩み・怒り：

❷ ターゲットが叶えたいと願う理想の未来：

❸ 理想の未来を実現できない理由・障害：

UP WORK

2）販売する商品やサービスを決める

次に、あなたがブログを通して何（商品）を販売するのか、何をもって収益を上げるのかを決定します。

❶ あなたが取り扱う（扱っている）商品・サービス

❷ 別オファー（特典など）

❸ どういった場合に使用するかの想定（ターゲットが理想とする未来を実現するため、どのポイントで使うのか）

最終的には、魅力的な商品やサービスをきちんと準備できているか否かが問われます。ただし、PDCAを回す過程でブラッシュアップされていくことがままあるので、現時点の考えで大丈夫です。

UP WORK

3）あなたのブログならではの特徴や強みを見つける（USP）

ターゲットが抱えている悩みをなぜ今まで解決できなかったのか。うまくいかなかった原因はどうすれば取り除けるのか？　それらの点にフォーカスして考えてください。

❶ 敵をつくる（今までうまくいかなかった原因）
❷ 他と違うユニークなアイデア（解決策）

UP WORK

４）なぜそのコンセプトなのか洗い出してみる

次に、お客様（見込み客）があなたのサービスを受けることで得られるメリットについて、考えてみましょう。

❶ なぜ、その商品カテゴリーなのか？

❷ なぜ、その商品（その人）なのか（他との比較）？

❸ なぜ、今買わないといけないのか？

UP WORK

5）ターゲットにつながるストーリー作り

なぜあなたは、今ブログを通して商品を販売しているのか？　どうしてブログを立ち上げ、運営しているのか？

自分の商品やサービスに紐づくストーリーを考えてみてください。

❶ 自分のこのビジネスに至るストーリー（挫折↓きっかけ↓ハッピー）

❷ ストーリーを通して生まれたビジネスを伝えたいメッセージ

❸ あなたのビジネスの理念・ミッション

いかがでしょうか。ここまでのワークを進めることで、あなたのブログについて

- ターゲットは「○○を実現したいけどそれがうまくいかずに悩んでいる人」である
- そのターゲットに対し、ブログを通し、どのような切り口でその問題解決方法を発信していくのかを明確にする

という構図が見えてきたのではないでしょうか。

このストーリーはプロフィールに記載することで共感されやすくなるので、加えておくと良いでしょう。

そこまで来たら、次はこれらをもとにカテゴリーを決めていきます。

ブログのカテゴリーを考えてみよう

ターゲットとコンセプトが決まったら、次にブログのカテゴリーを決めていきましょう。カテゴリーは、ただ記事をカテゴライズ（分別）するために使うのではなく、

- あなたのブログのコンセプトが何でどんなコンテンツがあるのかを視覚的に伝える
- このブログを読み込むことでどんなことが起こるのかを伝える
- 見込み客にとって有益な情報があることをアピールする
- ブログ内を〝回遊〟しやすくし、見込み客にとって必要な情報をとりやすくする

といった役割を果たします。

ＰＶ（ページビュー数）の増加やＧｏｏｇｌｅのＳＥＯ対策（検索エンジンで検索上位表示させる）にも非常に効果が見込めますので、あなたのブログコンセプトとターゲットから分解したカテゴリーを作成しましょう。

集客ブログは、自己満足のためではなくターゲットのために作る必要があります。したがって、**あなたが発信したいことからではなく、ターゲットが知りたいことからカテゴリーを広げるようにしてください。**

カテゴリーは**図２①**のように、

- ●メインカテゴリーを５個程度（ノウハウがメイン）
- ●雑記（好きなことを書け、あなたのことを知ってもらえる）

といった配分で作成します。

「なぜメインカテゴリーは５つ程度なの？」「カテゴリーはもっとあったほうがいいのでは？」と思われるかもしれませんね。でも、この程度がベストなのです。理由は、次のような２つの効果が見込めるためです。

図2①　コンセプトに沿ったカテゴリー5個 ＋雑記用カテゴリー1個を目安に作る

例）集客ブログの作り方・活用方法を教えることをコンセプトとした場合

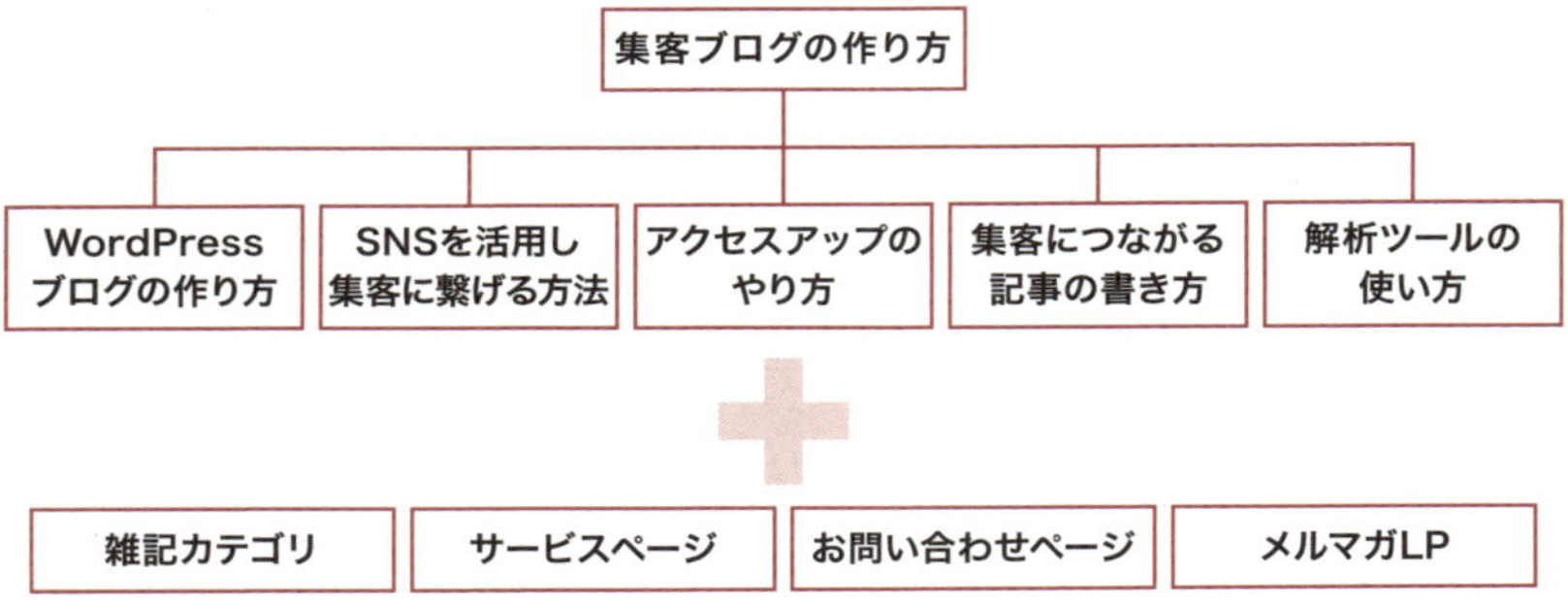

カテゴリの作り方・コツ

ターゲットが叶えたい未来を実現するために「壁」となるものを考えてピックアップしてみましょう！

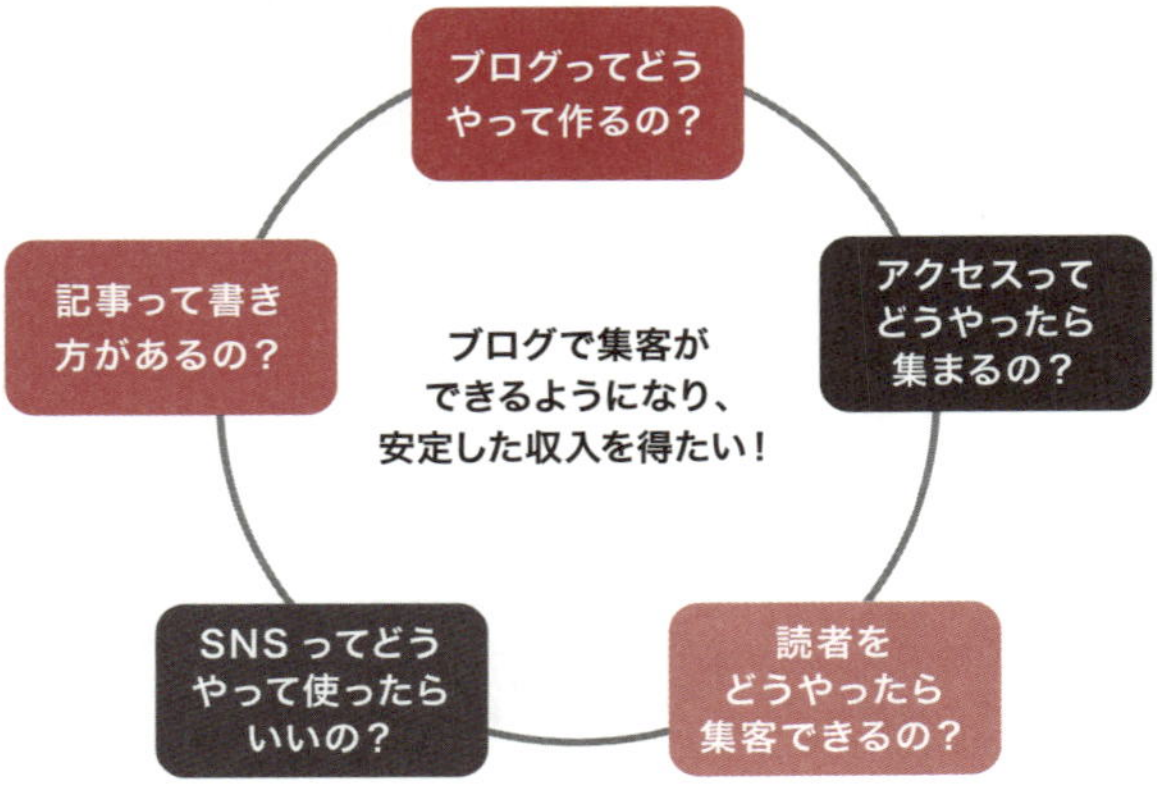

❶ ブログのネタ切れを防ぐ効果がある

ブログが続かなくなる原因の1つに「ネタ切れ」があります。**ネタ切れを起こす原因として、カテゴリーを細かく分類しすぎて書くことがなくなってしまう**ことがよくあるのです。

例えば、「Ｆａｃｅｂｏｏｋでお友達申請をする方法」というカテゴリーを作ると、これ以外のことが書けなくなってしまいますし、書けることがかなり限定されてしまいますよね。対して「Ｆａｃｅｂｏｏｋの使い方」までカテゴリー幅を広げれば、設定方法や投稿方法、埋め込み方等沢山のことがそのカテゴリーに対して書けるようになります。

これらの事例からも、カテゴリーは最初から作りすぎると、細かすぎてすぐにネタ切れを起こしてしまう原因になりかねないことが理解できます。ですので、最初は5個程度からスタートされることをお勧めしています。

カテゴリーは後からでも追加ができますから、必要に応じて追加・整理がしやすいよう、シンプルにスタートさせましょう。

❷ ブログを気軽に更新できる効果がある

また、ブログが続かなくなる原因としてもうひとつ「ノウハウ系ばかりで更新に疲れてしまう」こともよくあるケースです。いくら見込み客向けのコンテンツだからといって、来る日も来る日もノウハウ系ばかり書いていたら流石に飽きてしまいます。

そうならないための工夫として「**雑記が書けるカテゴリーを1つ作っておく**こと」をお勧めします。雑記であれば、息抜きで好きなことを書けますし、ブログを訪問した読者が「筆者はどんな人物なんだろう」と思った時に知ってもらえる記事としても役立ってくれます。

ブログの所有者、運営者はあなた自身ですから、やはり自分が「やっていて楽しい」「愛着がわく」ものにしていかないと、いくらビジネスのためとはいえ、継続が難しくなってしまいます。

なお、**制作したカテゴリーはグローバルメニューにも設置することをお勧めします。**

グローバルメニューは、本で言えば目次やインデックスのようなもので、どのページからアクセスをしても目に入る所にあり、ブログの全体像がひと目でわかります。他のブログなどを見て並び順も考慮しながら、カテゴリーを設置してみてください（▼**図2②**参照）。

図2② お勧めするグローバルメニューの構成

ブログの訪問者は基本的に**「新規の方」**だと思ってください。

ですので、パッと見ただけであなたのブログには「どんなことがあるのか」ということがわかるようにしましょう！

こうすることで、ブログのコンセプトと**読者へ「自分にとって役立つのか」**を伝えられるようになります。

グローバルメニューには…

●カテゴリー
●お問い合わせページへのリンク
●商品・サービスページへのリンク
●お客様の声へのリンク
●メルマガフォームへのリンク

を掲載するのがお勧めです。

Column 2 有用かつ独自性のある記事は誰にでも書ける

オリジナル記事を書く上でも、異色のコンテンツを販売するにしても、取材やアンケートは鉄板で使える解決策です。

あなたの知識や経験にかかわらず、すでに実体験を持っている人に直接聞くことで、ハイクオリティな情報を手にすることができます。取材した内容に関してあなた自身の実践経験や独自の見解を付け加えれば、さらにオリジナリティ溢れる記事になります。また、誰かの代わりに時間をかけて調べたり、実践検証した結果を記事にしてシェアすることで、誰でも0から価値ある内容を提供できます。

役立つ記事の側面としては、「ユーザー自身で調べた場合に比べ、時間の節約になる」という付加価値も強力です。出版社で考えてみるとわかりやすいかもしれません。コンビニに並ぶ雑誌も取材によるものが多く、大半の専門書も執筆を第三者に依頼して書籍になりますよね。代わりに調べる、代わりに聞くという視点があると、「自分でできる範疇で」という思考から解放されて、自由度が上がります。

失敗談も立派な経験。
場数を踏むことがオリジナリティの原点です！

Check List

Chapter 2の振り返り

- [ ] あなたのブログのコンセプトは決まりましたか？
- [ ] あなた自身が望むブログの成果は何ですか？
- [ ] あなたのブログのメインターゲットはどんな人物ですか？
- [ ] あなたは何をもって問題解決ができますか？
- [ ] ブログのコンセプトに沿ったカテゴリーは作れましたか？

あなたの“ブログの穴”が埋まったら、Chapter 3に進みましょう！

Chapter 3

あなたのブログ、水漏れしていますよ！

致命的な穴に効く魔法の絆創膏

このチャプターでは、ブログで「集客をするためには何が必要なのか?」ということについて、実例をもとに詳しくお話をします。

「もうすでにブログを運営しているけど、アクセスがあるだけでお問い合わせが来ない」というご相談をよくいただきます。そして、ブログを拝見させていただくのですが、9割以上のケースにおいて、〈チャプター3〉でお話しするいずれかの要素が欠落しています。

ブログに関する書籍やインターネット上の情報は無数に存在します。〈チャプター1〉でお話ししたように、情報が溢れているこの時代、「結局のところ何がいいのか?」とユーザーのみならず運営者側が困ってしまうケースが少なくありません。それだけ無数に存在するノウハウですが、**実は本当に必要な要素は「たったの5つ」だけです。**

特に、アクセスがすでにある場合には、見込み客も訪れている可能性が十分にありますので、漏れがないかしっかりとここで検証してください。

ブログって「○○さえすればいい」なんてまだ勘違いしていませんか？

まず最初に、集客ブログでよくある勘違いについてお話しします。

本当によくあるのですが、

- ブログを作ったら後は勝手に集客できる
- アクセス数さえ稼げれば、集客できる
- ＳＮＳでシェアされたり「いいね！」されると集客数が増える

こんな勘違いをされている方、実にたくさんいらっしゃいます。

あなたのブログは大丈夫ですか？

確かに、ブログは非常に手軽なツールです。しかし、残念ながらブログは作っただけでは集客できません。また、アクセス数が仮にどれだけあっても集客数は増えません。ＳＮＳでのシェアや「いいね！」の数は集客数とまったく紐づかないのです。

なぜだと思いますか？

その理由を非常にわかりやすい例えでご紹介します。

私は講義やアドバイスなどの際、**ブログはバケツ、記事はバケツに水を流し込む水道である**とお話しします。

この例えには、とても重要な、しかし多くの人たちが見落としてしまいがちなポイントが隠れています。この見落としてしまうポイントは、見込み客を逃してしまう「穴」です。**集客ができないブログは、言ってみれば「穴の開いたバケツ」同然です**。いくらアクセスが集まろうとも、そのまま見込み客を漏らし続けている不良品なのです。

集客をするためには、見込み客を絶えずバケツに流し込み続け、留めるアクションが必要となります。

先に挙げた「ブログを作る」「アクセスを集める」「SNSで露出する」の3つは、「流れを作る」観点から見ると良いのですが、そこでアクションが途切れてしまう。結局のところ「そこからの集客するための環境」が必要になるわけです。

無駄がない上に効率が良く、なおかつしっかりと集客ができるようになる集客型ブログを構築していくためには、

1）『ブログ集客5つの鉄則』（▼P72〜88）をふまえ、集客導線を引く
2）見込み客に向けて記事を書く
3）アクセス解析を行い最適化させる

これら3つのステップをたどるのが、ベストな方法です。

もし、今現在あなたのブログにおいて集客機能が上手く働いていないとしたら、見込み客を逃す「穴の空いたバケツ」状態になっているかもしれません。この状態のままでは、その先いくら有効だとされるノウハウを実践しても、ブログ集客は実現できませんよ！

あなたが少しでも自分のブログが気になるのなら……

これからお話しするポイントを必ずチェックしてください！

アクセスは◎でも集客はさっぱり…それ、『ブログ集客5つの鉄則』を満たしていますか？

まずは、3つのステップの1）『5つの鉄則』についてです。先ほど集客のできないブログを「穴の開いたバケツ」と例えましたが、そのような状態のブログが見落としているポイントは、大きく分けて5つあります。私はそれらを**『ブログ集客5つの鉄則』**と呼んでいます。

ブログで必ずと言っていいほど相談を受けるのが「アクセス数が伸びません」というものです。そこで「なぜアクセス数を伸ばしたいのですか？」と突き詰めていくと、「集客ができないのは、アクセス数の少なさに原因があるに違いない」というある種の思い込みが根底にあるんですね。

確かに、アクセス数は目に見える「数字」としてブログを運営するモチベーションにつながりますよね。もちろん気に留めることも必要です。ですが、その**アクセス数を伸ばす前に、『ブログ集客5つの鉄則』に漏れがないか、必ずチェックしてください**。なぜなら、それら『5つの鉄則』のいずれか1つが欠けても、ブログでの集客は十分にできないからです。

たとえ4つの穴を埋めたとしても、残り1つが開いたままでは、結局のところ「穴の開いたバケツ」であることに変わりはありません。いくらそこに水を流し込んでもそのまま流れて出ていってしまう……。非常にもったいないことです！

1つひとつ詳しく解説していきますので、改めてあなたのブログに「穴が空いて」いないかどうか検証してみてくださいね。

逆に、この5つが揃っていれば、あなたが思うほどアクセス数が伸びなくても、十分に集客数を増やすことができます。

「アクセス数が伸びないなぁ」と悩む前に、まずはブログの点検をして、しっかりと集客できる準備が整ったところで、アクセス数を集めましょう。アクセス数の伸ばし方についてはこの後のチャプターで詳しく解説しますので、順番通りに進めていけば大丈夫です。

では、あなたのブログを思い返しながら（可能であれば、開きながら）1つずつチェックしてみましょう！

❶ 見込み客に向けたお悩み解決・ノウハウ記事

集客ブログに必要な『5つの鉄則』の1つ目は、**集客をするために見込み客に向けた記事**です。

いくらあなたのサービスや商品が素晴らしくても、見込み客に気づいてもらえないことには集客できませんよね。そこで、見込み客の意識を引く記事が求められます。それが**「見込み客の抱えている悩み」を解決する記事、つまりノウハウ記事**です。

あなたも何か解決したいことがあった時、必ず調べると思います。インターネットで言えば「検索」ですね。これは、あなたの見込み客にも同じことがいえます。

そこで、お悩み解決記事を通し、**「あなたの悩みを解決する情報はここにありますよ」と知ってもらい、アクセスを促す**のです。具体的には、

- 見込み客の悩みに答える記事を入り口にし、関連記事で理解を深めてもらう。
- その過程で記事の筆者であるあなたとあなたのサービスへと興味を持ってもらい、「この人なら自分の悩みを解決してもらえそうだ」とお問い合わせにつなげる。

このような導線を引くわけです。

この見込み客に向けた**お悩み解決・ノウハウの記事はブログ全体の7〜8割が理想的**です。なぜ

なら、お悩み解決記事は数が多ければ多いほど、見込み客を集めてくれる入り口となるからです。

まずはあなたのブログが見込み客の悩みに答える記事があるのかどうかをチェックしてみましょう。足りなければ、積極的に記事を更新するといいですね。

「そうはいっても、一体何を記事にすればいいのか見当がつかないです！」、そんな方もいるかもしれませんね。その場合は、

- よく受ける相談
- 今のビジネスにつながっているもので、あなたの過去にあった悩み
- メディアリサーチの結果（〈チャプター4〉参照）
- 実際に調べてみると、専門的すぎてよくわからないと感じたこと
- あなたのビジネスとも関わりはあるが、実際に必要なのか検証してみたこと　等

以上をもとに記事にすることをお勧めします。

よく「こんなことでは意味がないのではないか」とか「もうすでに似た情報を発信している人がいる」といった理由から、なかなか記事にできないケースがあります。

ここで大切なのは**「あなたを入り口とする人がいる」ということ。そして、「あなただからいい」と思ってくれる方が必ずいる**ということです。

世の中にはたくさんの類似したサービスがありますが、それぞれに顧客がいることからも明らかなように「1つのサービスに1つの専門業者」といった固定概念は存在しません。

一方で、実は当たり前だと思っていることが、そうではないことも山のように存在します。

例えば私の場合、「ブログでこの設定は誰もが知っているものだろう」と思っていたら、実は知らない方が沢山いて、よく質問を受けることがあります。**「自分の常識は、他人の非常識」**。いつ何時もこの言葉に従い、記事にすることを心がけ、実践してください。

あわせて、積極的に「お悩み相談」を受け付け、その内容を記事にすることも非常に有効です。

例えば、記事の最後に「〇〇でお悩みでしたらブログでお答えするので、以下のフォームからご質問を投稿してください」と書き添えておくことで、読者は質問をする行動を起こしやすくなります。

自分の相談に乗ってもらえると、相談者は嬉しくなり、親近感を持ってもらえます。しかも、似た悩みを抱えている方が必ずいるので、新規でアクセスをしてくれた方にも喜んでもらえます。

ぜひ、あなたも「お悩み相談」を取り入れてみてください。

ワンポイントアドバイス

あなたの中の既成概念は、見込み客にとってはそうとは限りません。
まったく知らないことを前提に考えると、記事のネタは尽きなくなります！
浮かばない場合は、〈チャプター2〉をおさらいしましょう！

❷ あなたのビジネスと専門性が〝見える〟記事

「ブログ集客5つの鉄則」で次に必要なのは、**あなたが一体何の専門家なのかを知ってもらうための記事**です。

見込み客の悩みに答える記事が豊富にあっても、筆者がそれとはまったく関係のない専門外のことを書いていては意味がありませんよね。

そこで**「あなたの悩みに答えるために、こんなビジネスをしていますよ」「私はあなたの問題解決ができる専門家です」ということがわかる記事もしくはページを作成しておきましょう。**

プロフィール、サイドバーでは、資格やセミナー実績、協会所属等そのジャンルにおいて専門家として活動していることがわかるようにしましょう。

これがあるだけで「なるほど、この人はこの分野の専門家なのだな」ということが見込み客に認知され、あなたのビジネスへの興味・関心を持ってもらえるきっかけを作れるようになります。

それから、プロフィール欄にも、あなたが専門家であることをしっかりと明記しましょう。WordPressの場合、記事の冒頭部分に「この記事を書いた人」と簡単なプロフィールを掲載できるプラグインがありますので、こちらを使うのも一手です。

ブログはほとんどの場合記事が入り口となるので、記事の中であなたの存在を認知してもらう工夫が大切です。具体的には

❶ 記事の冒頭で簡単なプロフィールを掲載する
❷ 記事の冒頭で挨拶をする
❸ 記事の終わりに「この記事を書いた人」としてプロフィールを掲載する

この3つが効果的です。

また、**あなたがセミナーやイベントを主催されることがあれば、それらのレポートを記事にしてもいいですし、告知を記事にするのもあなたが何者なのか、何の専門家なのかを知ってもらえる良い要素となります。**

たとえあなたのブログ内にサービス一覧がわかるページがあっても、ブログでは記事に集中してしまうため、見落とされてしまうケースが多々あります。そこで、日頃から積極的にビジネスに取り組む姿勢などを記事にしていけば「ああ、この人は現在もこのビジネスに取り組んでいるのだな」ということが伝わるのです。

ワンポイントアドバイス

たどり着いたブログの著者が「何の専門家」なのかを明示していれば、他の記事を読んでファンになってくれる可能性も高まります。プロフィールや自分の専門について、記事中でも常に触れておくよう心がけてください。

❸ あなたの人物像と魅力がわかる記事

３つ目に必要なのは、**あなたがその道における専門家として一体どんな人物なのかがわかる記事**です。ここは、「差別化」をする上で非常に重要なポイントです。

インターネット上のみならず、さまざまなシーンで類似するサービスが非常に多く存在するため、たとえ「これは独自のものだ」と訴求をしたところで、見込み客には正直なところ、そこまで大きな差を感じてもらえません。そこで重要になってくるのが**「誰がそのサービスを提供しているのか？」**ということなのです。

例えば、似た商品やサービスの購入・申し込みで迷った時の判断要素として「担当者があの人だから」「あの社長の会社だから」といった人物を理由にすることがありますよね。

サービスそのものに魅力を感じてもらう以外にも「あなただから」ということを武器にできれば、差別化を行う上で非常に有利です。同時に、**「あなただから」となった時点で価格比較されるリスクが一気に低くなる**のも大きなメリットです。例えば、

- ●あなたのビジネスに関する考え方
- ●何をモットーあるいはコンセプトとしているのか
- ●どんな思いがあり、日頃ビジネスに取り組んでいるのか

等、見込み客にあなたのビジネスに対する向き合い方や情熱を伝えるための記事は、共感を生み、ファンになってもらえるきっかけとなります。

また同時に「日頃何をしているのか？」、例えば、

- ●家族との過ごし方
- ●休日の過ごし方
- ●友人との付き合い方
- ●クライアントとの出来事

等を記事にしても「家族思いの人だから」「余暇の過ごし方、趣味が合うから」「友人を大切にする人だから」「クライアントの問題解決に向き合ってくれるから」といった理由からあなたへと興味を持ってもらえるようになります。

人は共通することが1つでもあった時点で、共感度の上がり方は2倍違うという実験データがあります。つまり、**あなたと見込み客との共通点になり得ることを戦略的に散りばめることで、より「あなただから」という理由を作れるようになる**わけです。肩の力を抜いて、訪れてほしい見込み客が読むことを前提に記事にすると、自然で伝わりやすくなります。

私の場合、変わったケースですと「兄弟に写真が似ている」という理由で親近感を持ち、来てくださったクライアントもいます。何が見込み客との接点になり共感を生むかわかりませんので、ぜひ意識して記事にしてみてください。

なお、これらの記事は〈チャプター2〉の「カテゴリー」「ワーク」でいうところの「雑記」にあたります。

ワンポイントアドバイス

インターネットの普及に伴い、他人を真似た情報や根拠のない情報がはびこるようになりました。その信ぴょう性を見極める尺度として、「誰が発信しているのか」が重要視されるようになってきています。

常にあなた自身が「信用される発信者」であることを意識して取り組んでください。

❹ お客様の声が読める記事・ページ

『ブログ集客5つの鉄則』４番目は、あなたが提供するサービスに対するお客様の声が読める記事やページです。あなたのブログ記事に出会った見込み客は、あなたのサービスを受けることで「実際自分はどうなるのか?」「自分の問題は解決するのか?」を知りたがるでしょう。でも、そこで判断材料がなければ「自分に合っているのかどうか?」を決めかね、放っておけばそのまま離れていってしまいます。そこで、**見込み客の心を惹きつけるために「第三者の声」を取り入れる**のです。

例えば、ＴＶショッピングなどのセールスシーンをみると、提供者自らは説得をしていませんよね。代わりに、自分と同じ境遇に立っている第三者からの生の声、つまり「お客様の声」を挟むことで、見込み客に対しサービスを申し込んだ時に自分にどのようなことが起こるのかをイメージさせ、購買する（あるいは買わない）判断を促しています。事実、実際に購入した人、使ってみた人の反応のほうがダイレクトなセールスメッセージよりもリアリティがあり、購買意欲を高める効果が見られます。

あなたもきっと、迷った時に体験者から「実際にどうだったのか?」と声を求められることがありますよね。それをあなた自身のブログ上でも行えば良いのです。

インターネット上で情報を探しているシチュエーションでは、たいていは誰かに相談をすることができなかったり、検索でなんとか悩みを解決しようとしています。そんな時のためにあらかじめ「あなたのように悩んでいる方が私のサービスを受けた結果、このように問題解決ができました。よろしければあなたも受けてみませんか？」とお客様の声を通して伝えるわけです。

こうすることで見込み客は**「なるほど、似た状態のこの人が良くなったのだから、きっと自分も同じようになれるはずだ」と思ってもらえる**ようになります。

もし、あなたに今掲載をするお客様の声がないのであれば、モニター募集をしてでも必ず集めるようにしてください。試しに知人にお願いをしても良いでしょう。それだけお客様の声は強力です。

ブログの場合、あなたの掛け合いで進行する**インタビュー形式も有効**です。ブログはとにかく読みやすいことが重要ですので、手軽に読み進められるように工夫をするといいですね。

ワンポイントアドバイス

お客様の声は、セールストークを聞いてもらうよりも見込み客にとっては強力な効果を発揮します。ぜひあなたのブログにも「第三者の声」を掲載してください。

5 あなたの提供サービスがわかるページ

さて、最後に、あなたのサービス内容が具体的にわかるページです。

図3①をご覧ください。

もし見込み客がサービスに興味を持っても、具体的な情報がないと「もしかしたら高額な金額を吹っ掛けられるかも…」とネガティブな想像をしてしまい、なかなかお問い合わせにアクションをつなげてもらえないかもしれません。そうならないよう、**あなたのサービス内容が具体的に理解できるページは必ず用意する**ようにしてください。

私もよく「ブログで集客ができないのですが…」というご相談を受けることがあるのですが、いざブログを拝見してみると、その方の提供サービスが何なのかがわからないというケースが結構あるのです。

インターネットでは特に、今すぐ解決できる方法が求められます。ゆえに、「問い合わせてくれれば教える」では、見込み客はしびれを切らしあなたのブログから離れていってしまいます。**「あなたの悩みを解決できるサービスを提供していますよ」というメニューページを必ず作って、導線を引きましょう。**

図3①　集客ブログにおける読者の関心と行動の移り方

- **今知りたい情報**
  見込み客向けのノウハウ記事
- **筆者について**
  あなたの専門性・権威性・信頼性
- **解決策**
  あなたの取り扱っている商品・サービス
- **本当にその商品・サービスは自分にとって信頼でき、有効なのか**
  お客様の声
- **アクション**
  お問い合わせ・お申し込み

このように読者の関心が
移っていくことをふまえ、
ブログを構成する必要があります！

以上、5つの要素がそろうことで、見込み客はブログ上で次のような行動を起こしてくれるようになります（▼**図3②**参照）。

ここまで読んだことで、この流れができることはあなたにもイメージができたのではないでしょうか。

具体的な記事の書き方はこの先のチャプターで解説をしていくので、まずはしっかりと見込み客を留める穴の開いていないバケツを目指してください。

図3② 『集客ブログ5つの鉄則』おさらい

1）見込み客の悩みに答えるお役立ち記事

2）あなたのビジネスと専門性が“見える”記事

3）あなたの人物像と魅力がわかる記事

4）お客様の声が読める記事・ページ

5）あなたの提供サービスがわかるページ

この５つの要素がもれなく
そろっているかどうかを
チェックしてくださいね！

知らないうちにやってしまっている!? NGな記事の事例

ここまで、ブログ集客をする上で必要な5つの要素についてお話ししてきましたが、その間逆、つまり「やってはいけないこと」もあります。以下に事例をお示ししますが、これを気がつかずにやってしまっていると、見込み客が離れていき、せっかくの良い記事が薄れてしまうことがあるので、十分に注意してください。

❶ ただの日記記事で終始している

例えば、「今日うちの猫が…」「子どもの運動会で…」「こんなものを食べました」等…。終始こんな調子で記事数を増やそうとしていませんか？　集客の入り口となるのは、「悩みの解決」であり、「筆者のプライベート」ではありません。

後述しますが、大抵の場合、見込み客は初見であなたには興味を持ってくれません。**メイン記事**

がプライベートな記事ばかりでは、「なんだ、ただの日記か」という印象を与えてしまうだけで、そこから先のあなたの商品やサービスへ興味を持ってもらえなくなってしまうわけです。

同時に、**日記記事は検索エンジンに適していないため、見込み客集めには適していません。**

〈チャプター2〉でもお話ししたように（▼P63）、たまに息抜きで記事にすること自体は問題ありませんが、ブログの目的が集客である以上「なんでもあり」にならないよう注意してください。

中には、これを「ブランディング」と勘違いをしているケースもあります。が、いわゆる「リア充」はブランディングにはならないのです。どうしても雑記中心で書きたいのであれば、集客用のブログではなくSNSに投稿したほうがむしろ適しています。

❷ 自分の思いや感情ばかり記事にしている

これも日記に通ずるものがありますが、見込み客はあなたの思いや感情には興味がありません。「読者本人にとって感情を動かすものであるかどうか」が大切なのです。

また、筆者のバックグラウンドが十分に伝わっていない状態で、感情や思いばかりの記事を読まされると、どちらかというとネガティブに捉えられてしまうことが多くあります。

重要なのは「**記事を通して、見込み客に悩みを解決する旨のメッセージを伝え、自分のサービスに紐づけること**」です。単なる「怒りや悲しみ」は意図しない読者離れを起こしかねません。

特に**ネガティブな要素を含み、その先に解決策を提示できない記事は「共感ではなく同情」を誘う印象を与えるため、避ける**ようにしてください。

ただし、どうしても思いや感情を記事にぶつけたいのであれば、1つだけ方法があります。

例えば、あなたが開業医だとして、あなたのビジネスに関することで怒りを覚える出来事があった場合、単に怒りをぶちまけるのではなく、

> こんな利益優先の治療法では患者は救えない！ 私は搾取するビジネスモデルに憤りを感じています。今回のことに触れ、私は患者と向き合い、病気を治すことに今も、そしてこれからも全身全霊で取り組む決意を新たにしました。

といった具合に、感情の矛先をあなたが今ビジネスに情熱を注いでいる理由と紐付け、その怒りの根源と戦うことで見込み客にとっての理想を目指しています」という形でまとめるだけでも「怒り」の与える印象がガラッと変わりますし、共感を生むきっかけ作りにもなります。

ただし、**名指しでの批判や誹謗中傷は絶対にしないでください。**誰かを非難する姿は、見込み客にとって「自分もそう思われるかも」というあらぬ誤解を生みかねないからです。

尖った発言が良いという方もいますが、この事例のように伝え方を間違えると信用を失墜させかねないということを心に留めておきましょう。

❸ 集客導線が引かれていない

実のところ、「集客導線が構築できていない」ことが集客できない直接の原因となっているケースも少なくありません。

ブログは記事をきっかけに集客につなげていきますが、読んだ後「相談したい」と思っても、その方法が記載されていない、もしくはあったとしても作った本人しかわからないような複雑な作りになっていることがよくあります。

見込み客が記事にアクセスをしてくれたら、その次にどんなアクションをとってほしいのか？このことを常に記事で促すとともに、その時に何をどうすればいいのかがパッと見てすぐにわかるようにしましょう。

昨今ブログデザインはどんどんオシャレになってきていますが、**見込み客はオシャレさには関心を持ちません。なぜなら、あくまで「自分の問題や悩みを解決したいから」です。**

シンプルに、「このことで困ったらここから問い合わせができます」と明示しないことには、たとえアクセスが何万あろうが集客することはできません。

見込み客がいつでもあなたに相談できるように、問い合わせ手段はわかりやすくしましょう。

見込み客の集客導線となり、お問い合わせ等のアクションを喚起するキャッチコピーや画像などを「CTA《シーティーエー》（Call To Action）」と呼びますが、**このCTAを導入することが問題解決の糸口となります。**詳しくはこの先で解説しますので、「言われてみれば、問い合わせしにくい作りかも…」と思われたら、メモをしておいてください。

❹ 商品紹介ばかりの記事しかない

わかりやすく言えば、キャンペーンや告知しかない記事ばかりのブログのことです。冒頭でもお話ししたように、商品スペックだけでは、似た情報が溢れかえっている昨今において「決定打」にはなりません。

同時に、「買ってください」という記事は敬遠されがちなため、せっかくの見込み客を逃す原因にもなりかねません。どれだけ魅力的な商品でも、押し売りを嫌う心理はインターネット上でも同様です。

もし紹介するのであれば、**あくまでレビュー記事にとどめ、あなた個人の主観を通して「こんな人にオススメだと思います」という風に、必ず読者側にメリットを提示してあげる**ようにしてください。

ただし、メリットやベネフィットだけでは人は動きません、なぜなら「本当にそうなのだろうか？」「他にもっと良い商品があるのでは？」「自分には合っていないかも…」という考えを同時に持つからです。そんな時は

- 比較をする
- 向いている人を明確にする
- 向いていない人も明確にする
- デメリットや弱点も掲載する

といった要素を加えることで、**先に挙げたネガティブな考えを「これなら大丈夫そうだ」とポジティブな考えに転換させる**ことができます。記事内容に応じ、上記のいずれかを記事中に加えることを意識してみてください。

5 キーワード対策ばかりしている記事

検索エンジンで上位表示させる（SEO対策を施す）ためには、キーワード対策は必要不可欠な要素の1つです。数年前までは「記事内の5％にキーワードをちりばめるといい」などGoogleが好むキーワードの盛り込み方が流行りました。

ところが、読者が本当に欲しい情報が検索上位に表示されなくなることが問題視されると、キーワード対策だけを目的とした記事は検索エンジンから嫌われるようになっていきました。そればかりか、キーワードばかりで中身のない記事が氾濫し、結果読者からも嫌われるようになってしまったのです。

あまりライバルがいないキーワードであれば、対策の仕方次第では検索上位に上げることは依然可能ではあります。しかし、私たちブログ運営者が欲しい成果は、検索上位表示ではなく「集客」です。**集客をするためには、「どれだけ見込み客に寄り添った記事が書けるかどうか」ということが重要なのです。**

キーワード対策ばかりにとらわれていると、アクセス数はそこそこあるけれども、集客ができないブログになってしまいます。

キーワード対策は、あくまで見込み客にあなたのブログとサービスを知ってもらうためのものであるということを常に意識して取り組んでくださいね。

・・・・

以上が、集客ができないブログによくみられるNG記事の例です。

これらの例は、決して誇張したものではありません。すべて事実に基づいたことであり、中には恥ずかしながら私自身も行ってきたことも含まれています。

集客をするためには、目的を絞ったブログ運用に努めることがポイントです。もしもっと気軽に好きなことを書きたい場合は、無料ブログなどを使い息抜き用のブログと併用するなど、分けて運用するようにしましょう。

次に、あなたが意識して取り組むべき集客導線となるＣＴＡの使い方・最適化のポイントについてお話しします。

集客の決め手は導線にあり！ CTAの使い方・最適化の方法とは？

冒頭でもお話ししたように、ブログは作って終わりではありません。

ですので、たとえここまでにお話をしてきた集客型ブログに必要な5大要素をそろえていても、集客が万全にできる状態ではないのです。

ここで重要になってくるのが、前述のCTA《シーティーエー》（Call To Action）です。

CTAとは、簡単に言うと**「ここにあなたの問題解決をさらに早める方法がありますよ」とブログにアクセスした見込み客にアピールし、あなたのサービスや商品の存在を知ってもらい、最終的に集客につなげるための導線**のことを指します。

ブログを運営する側からすればどこに何があるのか把握できていても、初めてアクセスする方からすれば、それを把握することは残念ながらできません。

私自身、過去に「コンサルティングはやっているのでしょうか」とページがあるにもかかわらず聞かれたことがあります。そのくらい、こちらが思っているほど相手には伝わらないのです。

そこで、CTAを使い、知ってもらうことが重要になってくるわけです。


CTAの設置場所としては、次の2カ所がポピュラーです。


1つ目は、ブログ記事の最後です（▼**図3③**参照）。

ここが有効なのは、記事を精読した見込み客はあなたからの情報を必要としている方なので、続く形で訴求ができれば「もっと知りたい」「相談してみよう」となるわけです。

また、初めてあなたのブログにアクセスをしてきた見込み客はより集中して読むため、他の場所より記事の最後のほうが目につく可能性が高くなります。

ブログによっては、スマホからのアクセスが7割以上ということも珍しくありません。ただ、スマホからの場合記事以外は視覚的に入って来ないため、他のところに目が届かなくなってしまいます。

必ず記事の最後に1つCTAを設置しましょう。


2つ目は、**ブログのサイドバーのウィジェット**です。

図3③　鉄板！CTA設置お勧めの場所

ブログ記事の最後

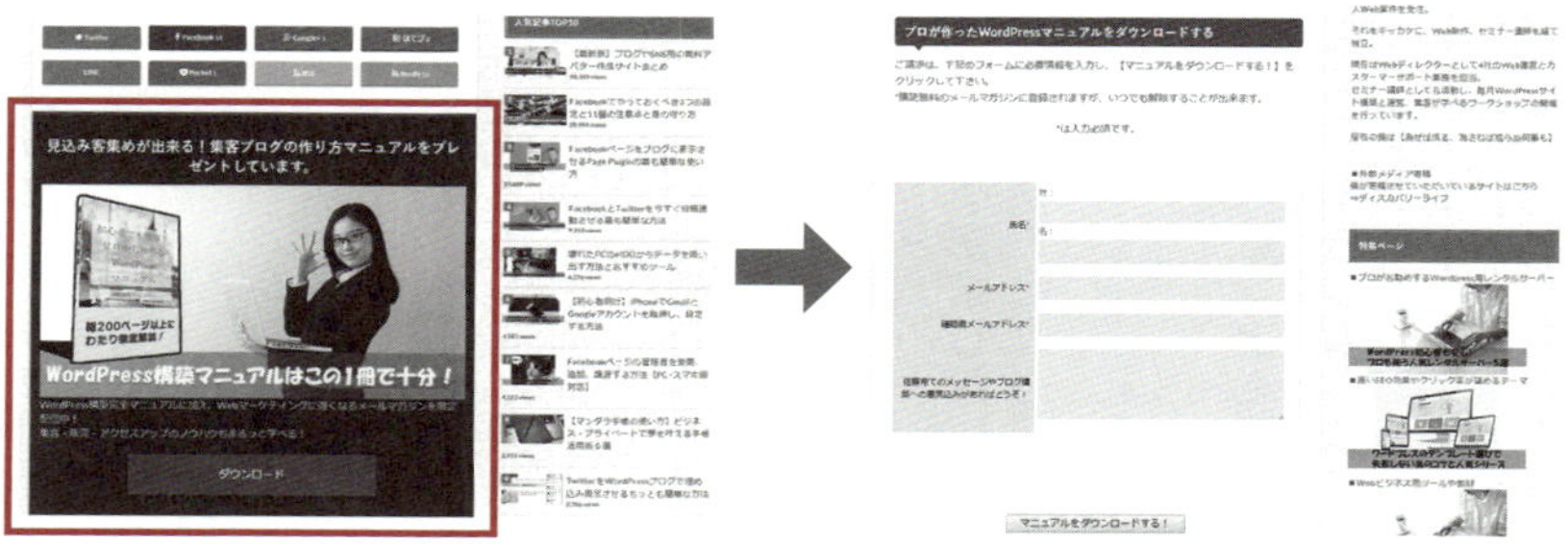

サイドメニューの一番上

この場所は、パソコンでアクセスをする見込み客に有効です。

ブログを読む際、視線はZもしくはFどちらかの流れに沿った動きをします（▼**図3④**参照）。

- ざっと流し読みをする時視線はZの方向に動きます。
- じっくりと読む時視線はFの方向に動きます。

実際にブログを読む際に意識をしてみると、このどちらかの動きをしていることに気づくことでしょう。

そして、この2つの視線いずれの場合も、必ず右側で折り返しますよね。この**折り返すポイントにあなたのサービスや訴求したいものを目立つように設置しておけば、見込み客に気づいてもらいやすくなる**のです。

また、ページの下へはほとんど到達してもらえませんので、できるだけパッと開いた画面上ですぐに目につくようにすると良いでしょう。**私の推奨するゾーンは、一番先頭の部分**です。モバイルからのアクセスが大勢を占めているとはいえ、ＰＣからのアクセスが半数以上というジャンルもまだまだあるからです。

図3④　読者の視線の移り方

Zの視線
流し読みをする時

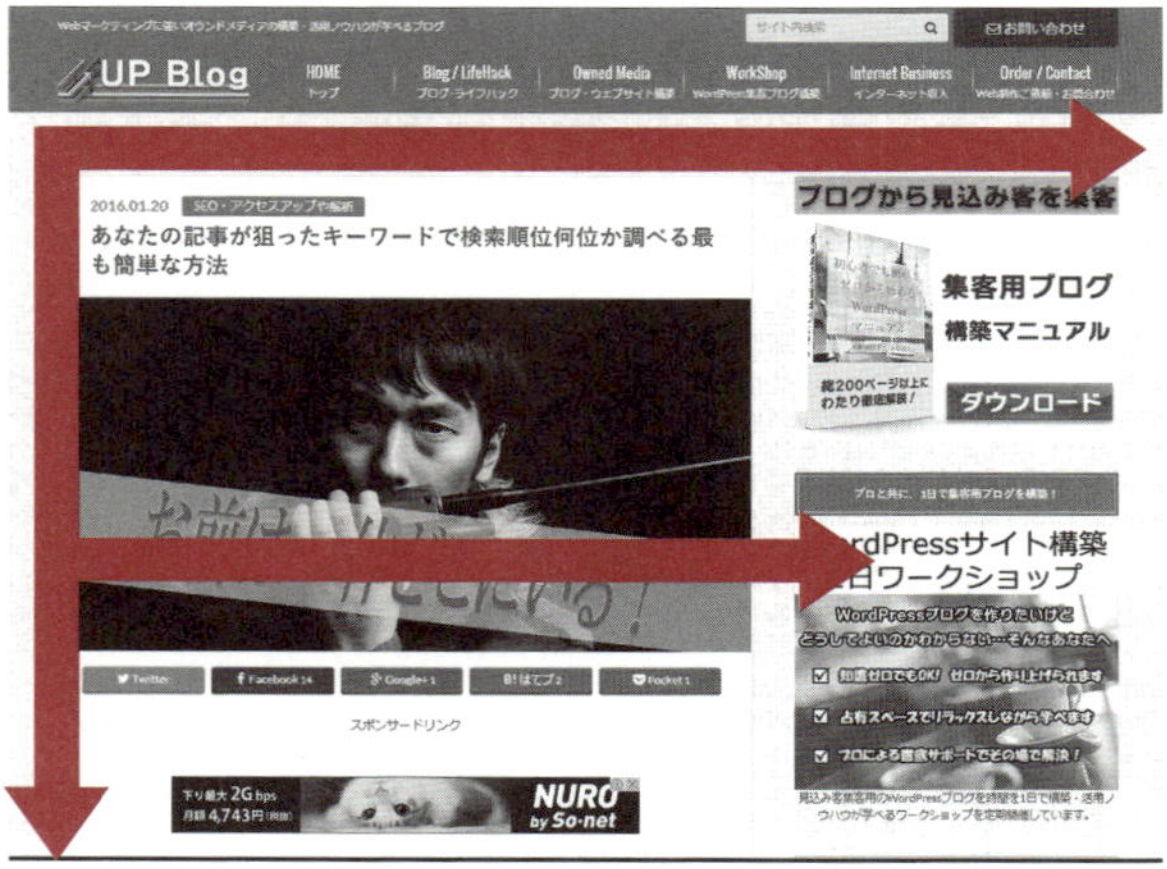

Fの視線
じっくりと読む時

特に、申込み・見積りというアクションに行動する直前になると、人は慎重になります。そうした際、最初はスマホから見ていても、じっくりと検討をするためにPCから再度アクセスをし直し、最終的な申し込みはPCからというケースもよくあります。初めて購入・申込みをする際や金額が高価な場合、手続きで入力項目が多い時などはこの傾向がありますので、PCからのアクセスの配慮もあわせて行うと良いでしょう。

このように、これら2つの場所はどちらもブログにアクセスをした際にひときわ目に入ってきやすいので、訴求効果も十分見込めます。ただし、これらはいずれもPC画面で表示される場合であり、スマホではちょっと事情が変わります。

スマホの場合、サイドメニューは記事の後に表示されます。**もしあなたのブログがスマホからのアクセスが多い場合は、記事の最後の方が効果が見込めますので、そのあたりを優先して設置しましょう**（▼図3⑤参照）。

注意点として、ブログは「手軽に読める」ことが読者のメリットでもあるので、あまりごちゃごちゃさせずにシンプルに設置することを心がけてください。

ＣＴＡにあわせて活用したいのが、**グローバルメニュー**です。グローバルメニューはＰＣ・スマホどちらからアクセスをしても目につくことから、導線として活用することができます。

同時に、「他にどんな情報があるのだろう？」と読者が思った時に、目的の場所に誘導しやすくする役割も果たしてくれます。

特に、**最もアクセスしてほしいページは、読者の視線の動きを考慮しグローバルメニューの左右に設置するのがベスト**です。

訴求したいサービスや商品がたくさんあるかもしれませんが、まずは1つに絞り込むことが肝要です。例えばカウンセリングを通してサービスの提案ができるのであれば、診断メニューやお問い合わせが良いですね。

リストマーケティングをされる方なら、メルマガの登録フォーム・ＬＰへの誘導がお勧めです。

図3⑤　PCとスマホの違い

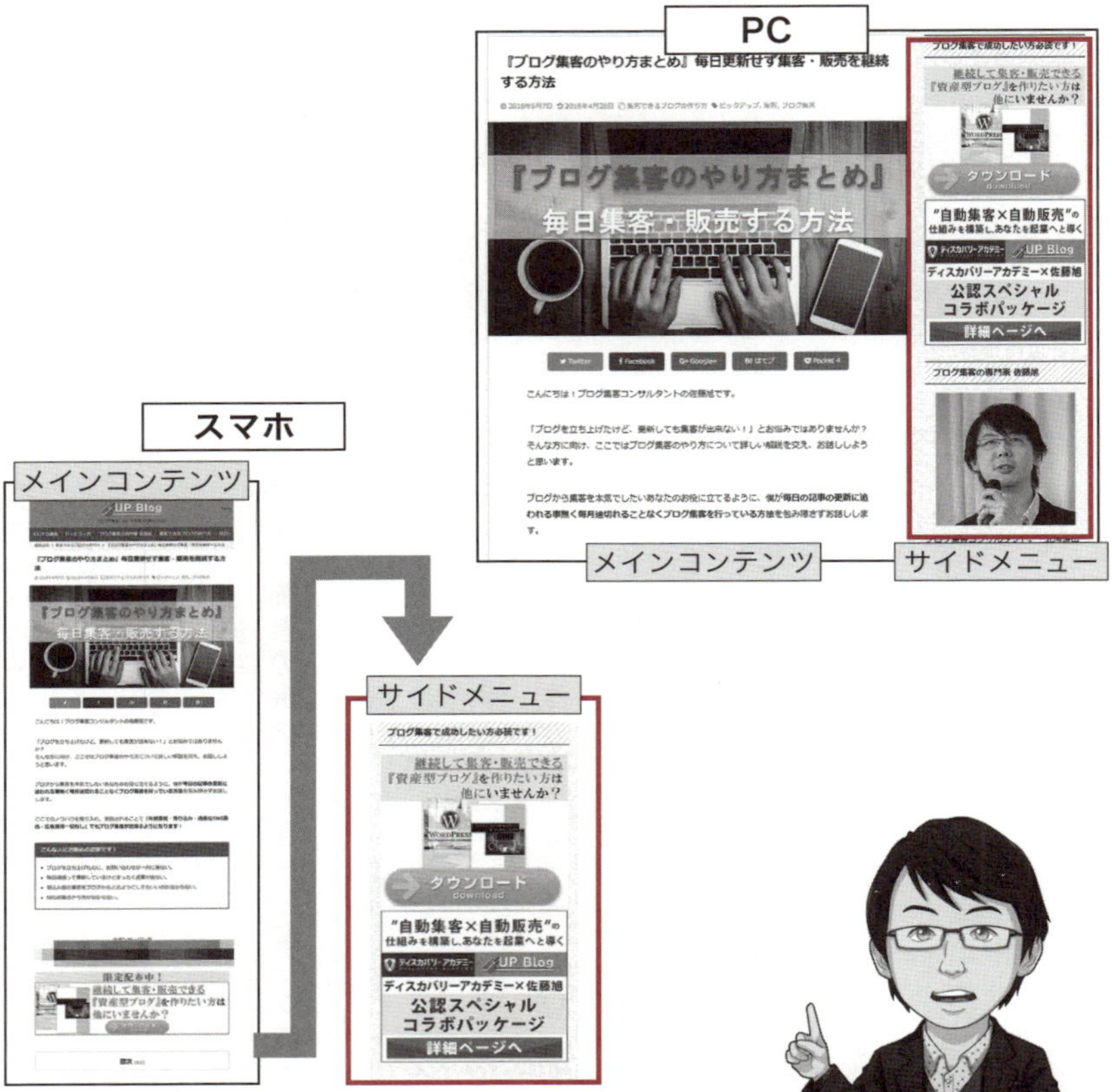

このように、サイドメニューはスマホではメインコンテンツの後に表示されるため、なかなか閲覧されません。
どちらからのアクセスでも訴求できるようにしましょう！

クリック率が3倍変わる！ CTAのゴールデンスペース

ここまでが一般的なCTAの設置箇所です。

実は前述の場所に加え、もう1カ所実際に設置をしたところ、クリック率が3倍に跳ね上がった場所があるのです。本音を言えば、教えたくないのですが…。

本書を読んでくださっているあなたにだけは、こっそり特別にお教えしますね！

先にもお話ししたように、見込み客は「記事の情報」を目当てにアクセスしますので、なるべく記事内で訴求を行ったほうが認知してもらいやすくなります。

そこで有効な〝もう1つの設置箇所となるのが〟、**冒頭文章と1つ目の見出しの前の間へのCTA設置**です。便宜上、ここでは**〝シークレットゾーン〟**と呼びますね。

従来ならば、この位置はGoogleアドセンスなどクリック型広告において最もクリック率の

図3⑥　ここがCTAのゴールデンスペース！

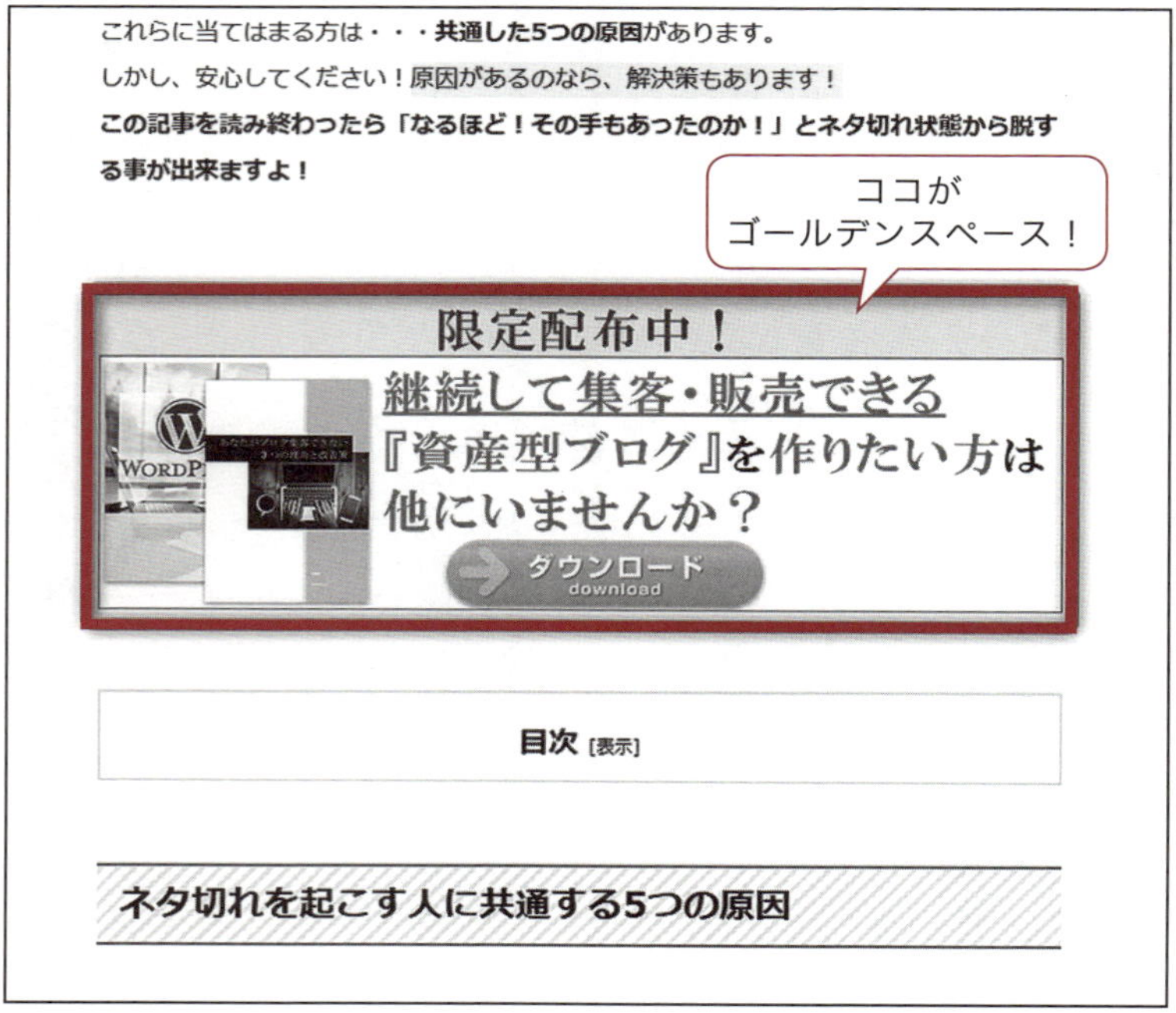

1つ目の見出しの上は、広告でも最もクリック率が高いスペースです。
あなたが最も訴求したいサービスなどのバナーや告知を設置しましょう！

高い場所とされています。

したがって、代わりにあなたのサービスへ誘導するためのCTAを設置することで、高いクリック率を見込むことが可能になるわけです。

私はここに広告バナーを設置したことで、クリック率が3倍に跳ね上がりました。

また、クライアントにも積極的にこの場所へのCTA設置を薦めていますが、**リスト獲得数が3倍強に跳ね上がった**とのご報告をいただいています。

ほかのケースでも高い訴求力を発揮しているので、ぜひあなたもこの〝シークレットゾーン〟へのCTA設置をこっそりと始めてみてください。

でも、もしかしたら、あなたは広告スペースについて「設置して鬱陶しがられたらどうしよう」と迷っているかもしれませんね。

結論から言うと、**広告は興味のない方はそのまま飛ばすので、特に問題はありません**。私自身もこれまで「邪魔だ」というお叱りやクレームは一度もいただいたことはありません。

あなたのブログですから、広告スペースは自分にとって一番都合の良いものを設置しましょう。

見込み客は困っていてあなたの記事を読むわけですから、あなたのサービスがその助けになるのであれば、むしろそのことを教えないのはかえって不親切になってしまうと私は考えています。

その広告がブログ読者にとって有益なものであれば、邪魔どころか喜んでもらえるのだということを忘れないでください。

ブログ訪問者は大抵の場合初見ですから

- あなたのブログで一体何が解決できるのか？
- どこに何があるのか？
- どのようにすれば目的の記事にたどり着けるのか？

これらを視覚的に伝わるようにすることが読者の信頼・信用へとつながり、ひいては安定した集客が見込めるブログになるのです。

あなたのブログの導線はどこですか？
コンバージョンの設定を行いましょう

ゴール・商品が決まり、導線も設置し終えたら、アクセス集めと並行して実行してほしいアクションがあります。そのアクションとは「解析」です。

成約率を高めるためには、アクセス解析を行いながら適切な改修を行う必要があります。

例えば、クリック率を高めるために、よくあるサイドバーへの設置ではなく、記事の途中に差し込む、赤いボタンを設置する等、王道を随所に取り入れながらあなたのブログを最適化していくのです。

その際に使いたいのが、**Google Analytics（グーグル　アナリティクス。以下Googleアナリティクス）**です。

Ｇｏｏｇｌｅアナリティクスは単なるアクセス解析ツールではありません。ブログから集客・セールスを行う上でその導線を把握するために非常に活用しやすいツールです。

例えば、

●目標のページへのアクセスはどこから来るのか？
●また、その到達率はどうなのか？
●どこからのアクセスが一番成約率が高いのか？　お問い合わせが多いのか？

これらの流れがわかれば、そのページにアクセスを集めて成約率を高めることができますよね？その情報を知るために、Ｇｏｏｇｌｅアナリティクスでコンバージョン率の測定を行うのです。

無料でありながら具体的なデータが取れるので、どこをどう強化すればベストなのかがわかる、使い勝手の良いツールと言えます。

図3⑦　コンバージョン設定の流れ

・最もアクセスしてほしいページを決める

・Googleアナリティクスに登録

・Googleアナリティクスでコンバージョン設定をする

コンバージョン設定は最大で20ページまで可能です。

途中で編集が可能ですので、まずは今最もアクセスをしてほしいページを設定しましょう！

登録方法についてはこちらのページで詳しく解説していますので、まだ登録されていない方はこの機会に登録しておきましょう。

●Ｇｏｏｇｌｅ Ａｎａｌｙｔｉｃｓを使いブログ内コンバージョン率を測定する方法

［ＵＲＬ］ https://infinityakira-wp.com/googleanalyticsconversion/

Column 3 文章を書くのが苦手なら、初動の発信方法を変えるのも一手

ブログの記事がなかなか書けない場合は、音声で録音することから始めてもOKです。録音した音声を外注で文字起こしすれば、文章コンテンツもできあがります（ただし整文は必要）。さらに画像を1枚挟んで音声を取り込めば、動画としても機能します。もうひと工夫して漫画にすれば、さらに広い層に見てもらえます。文章だから読む人もいれば、音声だから聴く人、動画だから見る人もいます。あなたが最も障壁を感じない方法でコンテンツを作り上げるのも、長期継続のコツです。

僕は2014年からPodcastで音声を配信しています。きっかけは文章を書くのが苦手だし、動画も編集が大変というイメージから、服装や場所を問わずに気軽に録れる音声を選びました。3つのメディアを上手く活用することで、SNSによる拡散も含めて総リーチ数が伸びていくのでお勧めです。

きっかけさえ作ってしまえば、面倒に感じることも意外とラクになります！

Check List

Chapter 3の振り返り

- □『ブログ集客５つの鉄則』、守っていますか？
  - □ １）見込み客に向けたお悩み解決・ノウハウ記事
  - □ ２）あなたのビジネスが〝見える〟記事もしくはページ
  - □ ３）あなたの人物像と魅力がわかる記事
  - □ ４）お客様の声が読める記事・ページ
  - □ ５）あなたの提供サービスがわかるページ

- □ ブログでＮＧなこと、やっていませんか？
  - □ １）ただの日記記事で終始している
  - □ ２）自分の思いや感情ばかり記事にしている
  - □ ３）集客導線が引かれていない
  - □ ４）商品紹介の記事しかない
  - □ ５）キーワード対策ばかりしている記事

- □ ＣＴＡは適切に設置されていますか？
  - □ グローバルメニュー
  - □ サイドメニュー
  - □ 記事の最後（ゴールデンゾーンも攻めてみましょう！）

- □ 最もアクセスしてほしいページのコンバージョン設定は完了しましたか？

あなたのブログの穴埋めが完了したら、Chapter 4に進みましょう！

Chapter 4

これでライバルとの差は歴然！

資産記事を量産するリサーチワーク

このチャプターでは、〈チャプター3〉の内容をふまえた上で、見込み客にあなたの情報をリーチさせるためのリサーチ方法について解説します。

ブログを運営している方であれば、「記事は質が大事である」ことは十分に理解されていると思います。しかし、この質の高め方を「丁寧に書くことだ」「情報を網羅することだ」と勘違いしている方が少なくありません。本当に丁寧で質が高いとされる記事とは、コンセプトとターゲットが明確であり、その上で裏付けの取れたリサーチができて初めて書けるものです。

9割以上のブログ運営者が1年以内に業界から消えてしまう理由は、実はこの圧倒的なリサーチ不足から来ているということが私自身の4年間のブログ運営の中で明らかになったことでした。逆を言えば、このリサーチ力を身につけることができれば、もはやライバルはあなたの相手ではなくなります。

あなたがブログで誰に何をどのような形で発信することが集客につながるのか、本章を通じてしっかりと固めていきましょう！

集客できないのは、思い込みにあり!?ズバリ、リサーチ不足です！

〈チャプター3〉でお話ししたように、ブログはバケツ。記事はそのバケツへ絶えず見込み客を流し込んでくれる水道のようなものです。

したがって、たとえバケツが万全な状態であったとしても、しっかりと見込み客を流し込める記事がないことには、集客につなげることはできません。

あなたのブログも、見込み客に「この記事が欲しかった！」と感じてもらい、そこから

- 商品購入
- お申し込み
- SNSシェア
- お問い合わせ

これらにつながることを、あなた自身望んでいると思います。

しかし、なかなかうまくいかない場合、あなたは次のような失敗を無意識のうちにしてしまっている可能性があります。

つまり、あなたが「きっとこの記事は役に立つ！」と思って書いた記事が、ブログ訪問者にとっては欲しかった情報ではなかった。こんなミスマッチが起きてしまっている確率が極めて高いということです。

この原因は一体どこにあると思いますか？

「ライティング力」「ブログ運営の日の浅さ」と解答された方、もちろんそれらも必要です。

しかし、実は多くの場合において、問題点はここではありません。それ以上に、**「見込み客が求めている情報を発信できていない」**という単純明快なケースが多々あるのです。

つまりは、「求められていない記事しかブログにない」ということになります。言い方がきつくなりますが、**「自己満足の思い込み記事」ばかりUPしている**ということです。

「そんなはずはない！」と思われるかもしれませんね。でも、残念ながらその答えは「集客」という結果が読者にそれが伝わっていないことを物語っているので、認めざるを得ません。

この問題点を解決ができるのが、ズバリ「リサーチ」なのです。

リサーチさえできれば、たとえあなたがブログを始めて日が浅くても、ライティング力がプロ並みに備わっていなくても、ライバルと十分に戦えます。いや、むしろライバルをコンテンツの質においても圧倒的に凌駕することすらできるでしょう。

しかも、より多くの見込み客に記事をリーチさせることも可能になるのです。

集客を仕組み化する過程において、検索エンジンからのアクセスを集めるSEO対策は確かに有効な手段です。が、実は多くの場合、〈チャプター3〉のNG例でもお話ししたように「キーワード対策」しかしていないケースが散見されます。しかも、度重なるGoogleのアップデートにより、キーワード対策だけをした記事は検索順位が落とされるようになってしまいました。

結局のところ、**仮に検索結果に表示されたところで、見込み客にとって役に立つものだと実感してもらえないことには、即座にページが閉じられてしまい、それ以上何も起こりません。**ゆえに、筆者側の思い込みで書かれている記事は、単なる自己満足でしかないのです。

このようなことに陥らないために、そしてしっかりと見込み客に「この記事は自分の問題解決ができる記事だ」「このブログは自分の悩みを解決してくれる」と受け止めてもらいアクションを喚起できるよう、「リサーチ」をしっかりと行ってから記事にしましょう。

では、具体的にどのようなリサーチをすれば、見込み客に届き、心に響く記事になるのでしょうか？

ここからは、そのリサーチについて詳しくお話をしていきますので、チャプターを読み進めながら、あなたも実践してみてください。リサーチのいろはを身につけられれば、自ずとあなたのブログに見込み客がアクセスをしてくれるようになります！

ブログ地獄に堕ちたくなければ この3つのポイントを押さえよ！

集客ブログにおいて、記事の役割は「見込み客をブログへ流し込むための入り口」です。その入り口が見当違いなところにあれば、読んでほしい人に情報が届かず、結果アクセスしてくれないというわけです。

以前、セミナーの出席者の方から「アクセス数がそこそこあるのに、成果が一切出ない」というご相談を受けたことがありブログを拝見したところ、まさに見込み客向けの記事ができていなかったことがありました。そこでいろいろと尋ねたところ、リサーチをほとんどしていなかったのです。

くどいですが、不十分なリサーチで作った記事では、集客は実現できません。

「せっかく書き上げた記事が誰にも読まれない…。」

こんなことにならないために、次に示す**『読まれる記事の三大要素』**を必ず押さえてください。

> ❶ あなたの持っているノウハウ・情報（コンセプト）
> ❷ 見込み客である読者の知りたいこと（ターゲット）
> ❸ 世の中で出回っている・認知されている情報（ニーズ・トレンド）

以上3つのポイントをふまえて初めて、見込み客に読まれる記事となります（**▼図4**①参照）。

そして、この3つポイントが重なる中心の部分、つまり接点を求めることこそが、見込み客に向けた記事で書くことを意味するのです。

図4①　読まれる記事はこのポイントを押さえている！

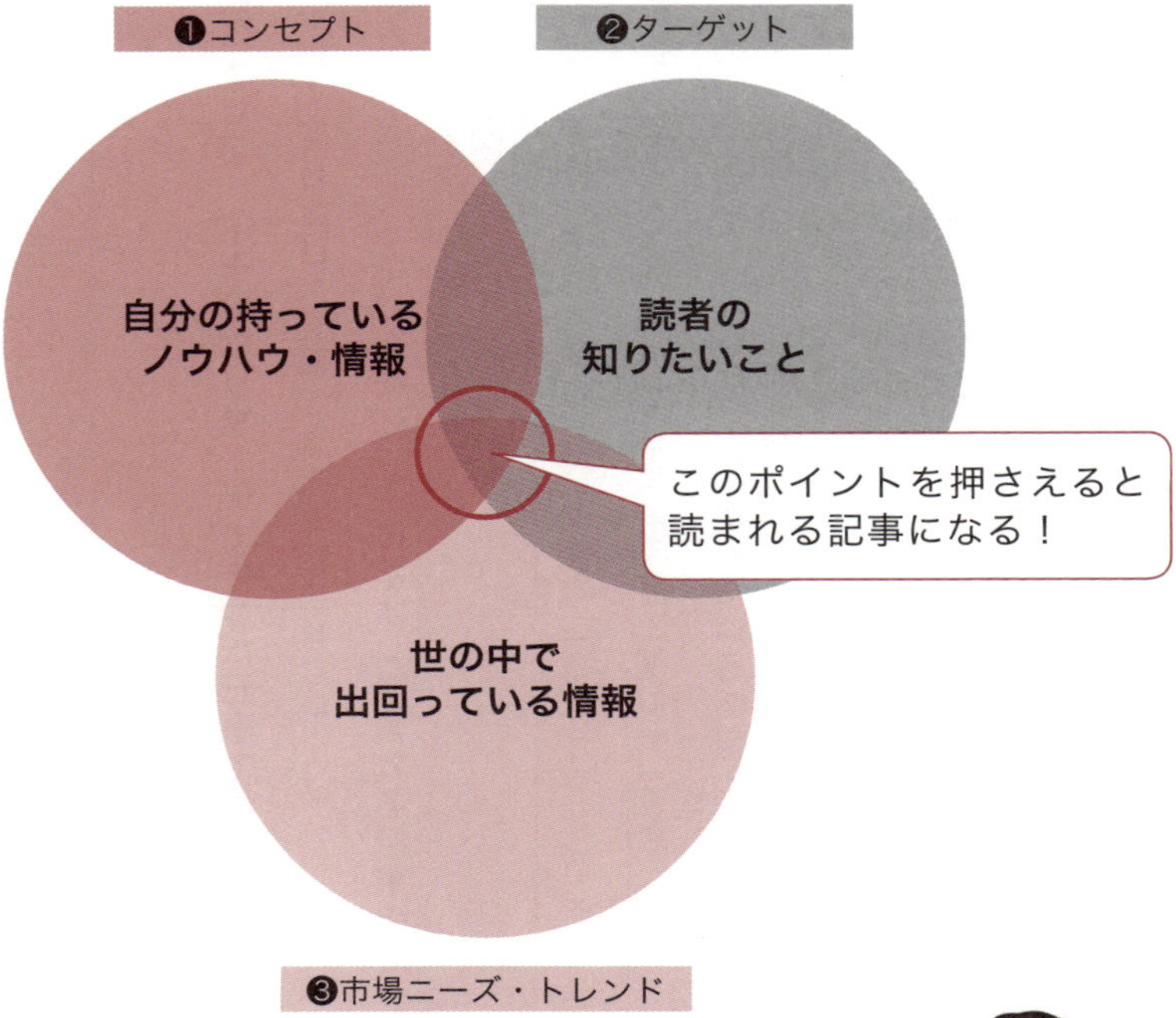
❶コンセプト
❷ターゲット
自分の持っている
ノウハウ・情報
読者の
知りたいこと
このポイントを押さえると
読まれる記事になる！
世の中で
出回っている情報
❸市場ニーズ・トレンド

このうちどれかが欠けると…

- ❶＋❷：SNSや自分を知っている人向け（かなり限定的）
- ❷＋❸：コピーコンテンツ
- ❶＋❸：ターゲットの求めている情報とは限らない

となってしまいます。
3つ揃うことが何よりも大切です！

リサーチが不十分な場合、このうち1つもしくは2つのポイントしか押さえられておらず、見込み客に限定的な範囲でしか情報が届かないか、もしくはまったく届けることができません。

例えば、❶だけを書いたのならば、誰にも届かない記事になります。

❶＋❷の場合は、読者の層があなたを直接的に知っている方にしか届きません。

❶＋❸の場合は、どこにでもあるありふれたコピーコンテンツになってしまいます。

つまり、あなたから知る必要がなくなってしまうわけです。

このように、3つの要素のどれか1つが欠けても、あなたが狙うターゲットに満足に記事を届けられなくなってしまいます。そうならないために、❶＋❷＋❸を満遍なく押さえる＝きちんとリサーチを行うことの重要性をご理解いただけたかと思います。

もう1つ、**この三大要素をそろえることで、情報を広く捉えすぎてしまい、ターゲットの絞り込みがうまくできなくなってしまうことを防ぐ効果もあります。**

広すぎるターゲットに向けた記事になると、あなたが見込み客に行ってほしい「お問い合わせ」「商品購入」「お申込み」への動機付けが機能しなくなってしまいます。

例えば、今あなたが手に取っている本書の場合は「ブログで集客をしたい方」をターゲットとしていますが、「ブログを始めてみたい人」まで範囲を広げた途端、この本を手に取る方への訴求が一気にダウンしてしまいます。

なぜなら、「ブログを始めてみたい人」の中には、日記や忘備録代わりなど集客とはあまり関係のないことをしたい人も含まれるためです。

このように、ターゲットの絞り込み方は非常に重要なのですが、実際に絞り込むとなると、思った以上にぼやけてしまうことが少なくありません。

そうした事態に陥らないよう、しっかり適切にリサーチを行いターゲットのみにフォーカスすることが、あなたのブログの生命線となるのです。

では、具体的にどのようにしてターゲットに響かせるためにこの三大要素を取り込めばよいのでしょうか？

図4②をご覧ください。

こちらでお示ししているように、**予測とリサーチは一つの「セット」として捉えます**。これにより、無駄がなく、満遍なく3つの要素を取り入れることが可能になります。

では、大まかな流れをお話しします。

まず〈予測〉では、あなたが記事にしようと思っていることをリストアップします。

そして、その内容は

❶ ターゲットにしたい人（見込み客）にとって役立つのか？ ❷ 本当に必要とされているのか？ ❸ 実際に検索される情報なのか？

という側面から仮説を立てます。

次に、その仮説をもとに〈リサーチ〉を行い「この記事は見込み客に求められている」という裏付けを取ります。

そして、**あなたが予測していた以外の情報が出回っていないか、よりターゲットに必要とされるための質を高められる要素がないかを探して加えてゆく**のです。

図4②　予測とリサーチはセットで行う

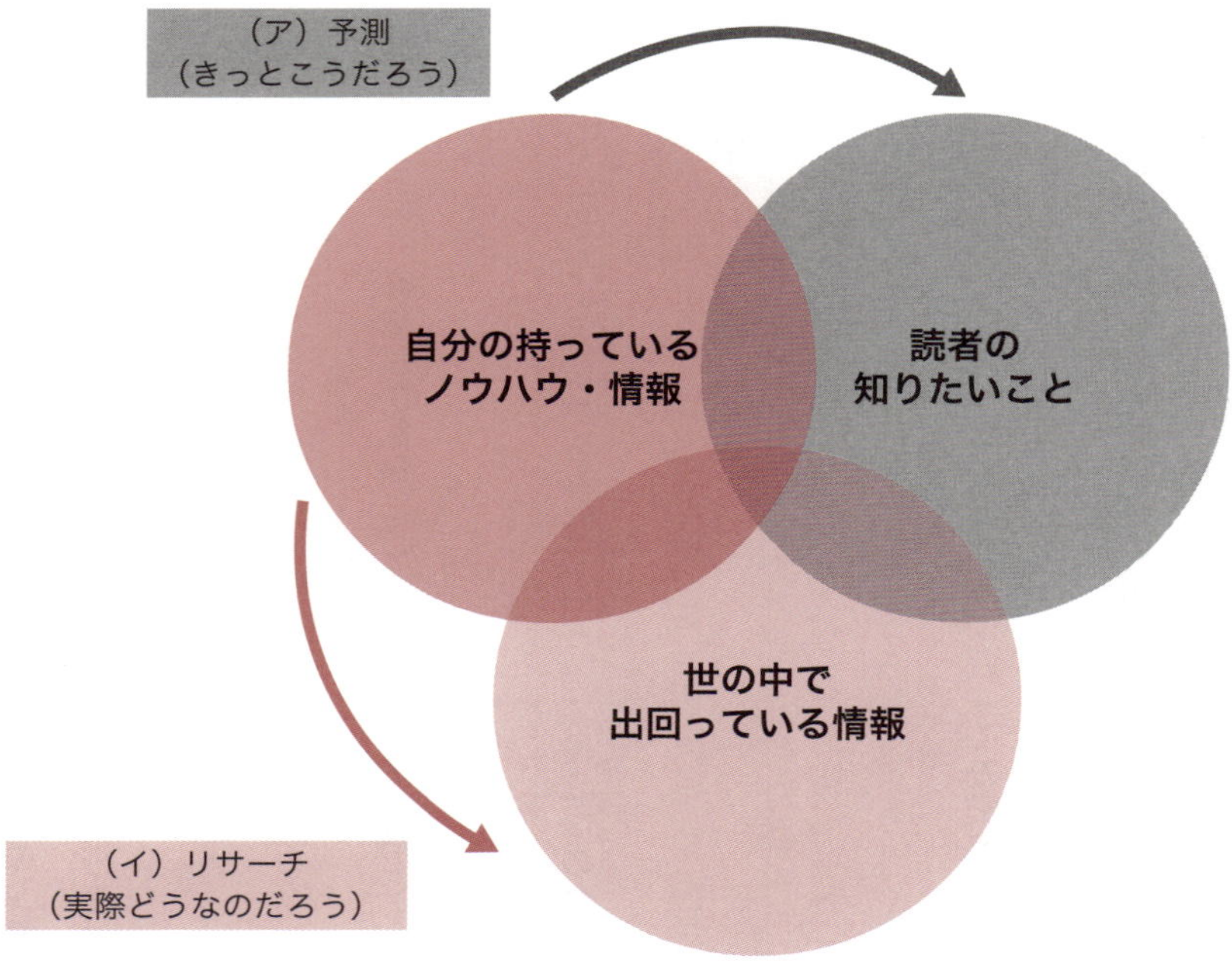
（ア）予測
（きっとこうだろう）
自分の持っている
ノウハウ・情報
読者の
知りたいこと
世の中で
出回っている情報
（イ）リサーチ
（実際どうなのだろう）

予測とリサーチをセットで行うことで、あなたの発信したい情報やメッセージがより確実にターゲットに届けられるようになります。

ターゲットの求めている情報を予測する時のポイントとして

> ❶何を知りたいのか
> ❷何で困っているのか？
> ❸その先に何をしたくて困っているのか？

この3つを必ずセットで考えるようにしてください。

わかりやすくお話しすると、**「解決したい問題はもっと先にある理想の未来を叶えるための、1つの壁である」**という考え方をすれば良いのです（▼図4③参照）。

例えば、ダイエットしたい方は、単に痩せたいのではなく、もしかしたらモテたいのかもしれません。もしかしたら血糖値を下げたいのかもしれません。はたまた、イビキをなくしたいと考えているかもしれませんよね。

あなたのブログにおいて、そのターゲットのゴールを見据えた上での解決策の提案ができて初めて、1つの記事をきっかけに関連記事、あなたのサービスや商品へと興味を引き寄せられるのです。

しかし、ここだけでは「きっとこんなことで困っているのではないか？」「役に立つのではないか？」

図4③　問題・悩みは理想の未来に近づくための“壁”である

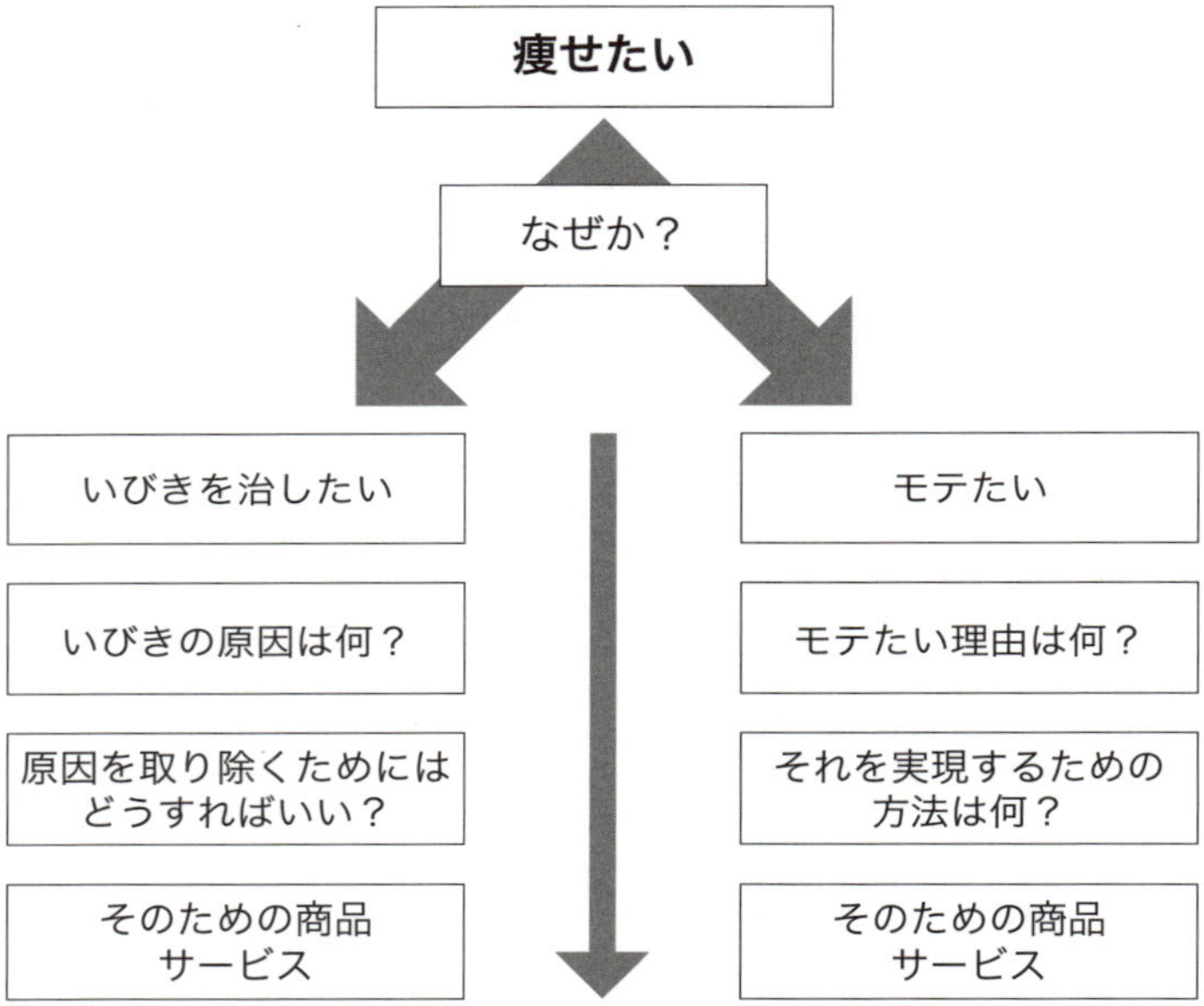
痩せたい
なぜか？
いびきを治したい
いびきの原因は何？
原因を取り除くためには
どうすればいいい？
そのための商品
サービス
モテたい
モテたい理由は何？
それを実現するための
方法は何？
そのための商品
サービス

「痩せたい」という悩みは、実はこの先の理想とする未来を実現するために越えなくてはならない〈壁〉であるということ。同時に、入り口が一見同じでもゴールがまったく別の所にあることがこれでわかりますね！

といった思い込みで記事を書いてしまうことにもなりかねません。

なぜなら、**まだこれだけではあくまでも〈予測〉段階であるがゆえ、明確な根拠がそこには存在しない**からです。

そうすると、見込み客の意にそぐわなくなってしまい、集客は難しくなります。

このような事態を避けるために、適切なリサーチを行う必要があるわけです。

単なるネット検索で完結していませんか？ 見込み客をグイグイ引き寄せるリサーチ術

リサーチをする際は、必ず見込み客が日頃触れている各種メディアから行います。

実は「リサーチをしている」といっても、多くの方がインターネットで1時間程度自分の予測をもとにした検索をするくらいしかしていないのが実態です。

確かに、インターネット上の情報は膨大で、最新のケースも多々あります。しかし、ターゲットによってはその情報が「まだ受け取る段階ではない」ケースが少なくはないのです。

ここで重要なのは、ターゲットが必要としている情報を的確にその市場で広げることです。これを確実に遂行するためにリサーチを行うわけですが、その際、気をつけるポイントが3点あります（**▼図4④**参照）。

一見面倒に思われるかもしれませんが、ここまでリサーチができれば、ライバルがいなくなるレベルにまで到達することが可能です。

図4④　メディアリサーチのポイント

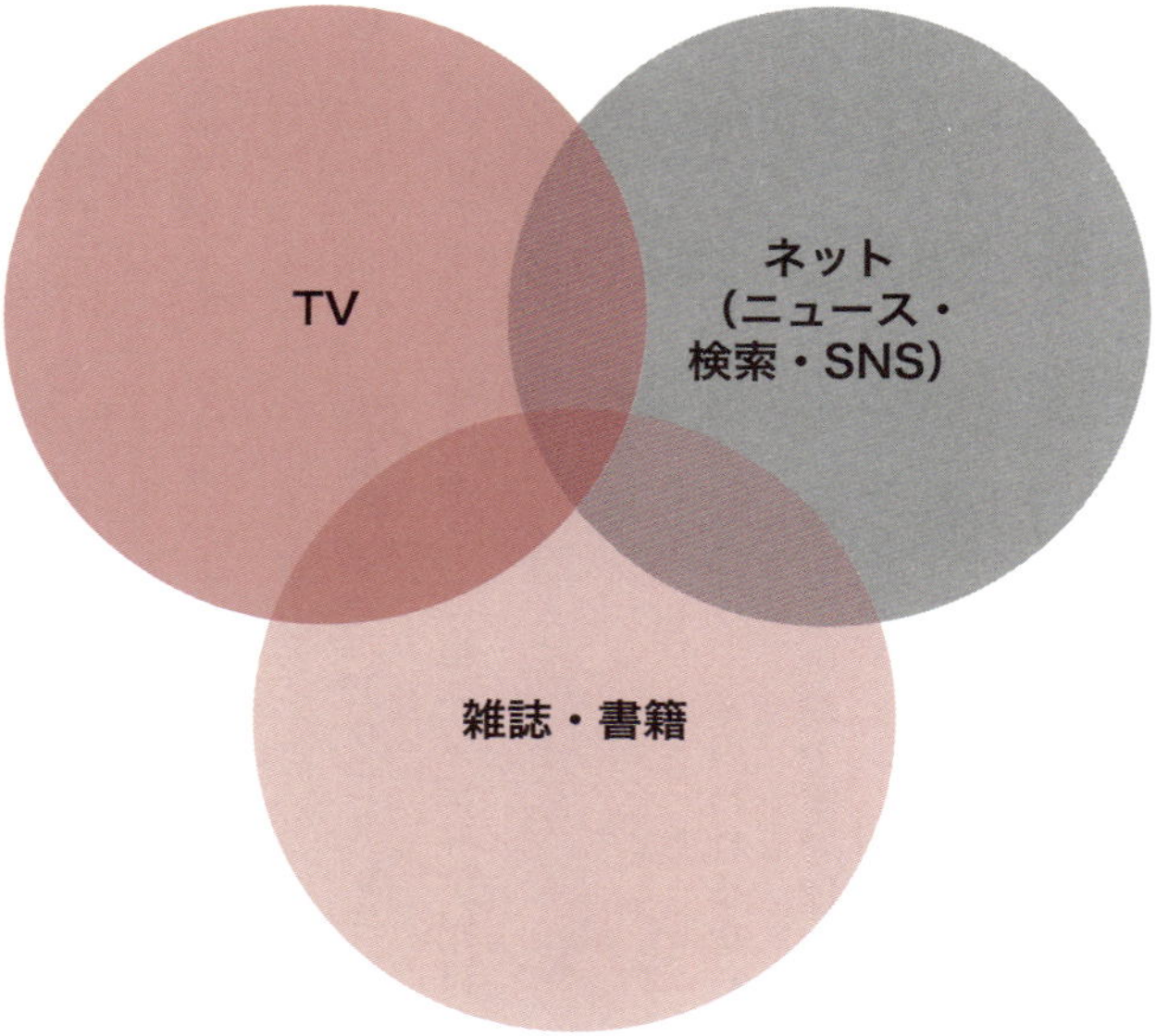

ポイントは以下の3点です。

1）リサーチは1メディアだけにしない。
2）ターゲットが情報を得るメディアを重点的にリサーチする。
3）情報はうのみにせず、裏付けを必ず取る。

Chapter 2のワークを振り返りながら実践しましょう！

強い集客力を持つブログに育てる大切なステップですので、めげずに実践してください。

❶ リサーチは1つのメディアだけにしない

リサーチは満遍なく、ターゲットが日頃情報を得るメディアから行いましょう。

先にも述べたように、「読まれない（アクセスがされない）」とされる記事の多くがリサーチ不足に起因するわけですが、その中で、「単一メディアだけしかリサーチしていない」ケースが非常に多いという実態があります。

「1つのメディアでも十分なのでは？」と思われるかもしれませんね。しかしながら、単体のメディアのみにリサーチを頼るのは、極めて危険です。理由は４つあります。

❶ 1つのメディアからでは、情報に偏りが出てしまう
❷ ガセやゴシップなど信ぴょう性に足りるものなのかが判断できない
❸ ネタがライバルとかぶる可能性が高くなる

❹ 情報を必要とするキッカケが1つのメディアとは限らず、入り口となるネタが他にもある可能性が高い

以上の理由から、**必ずリサーチは複数メディアで実践してください。**

リサーチを実施する媒体は、

- テレビ
- インターネット
- 書籍や雑誌

を軸にします。このほか、

- 口コミやお客様からの声
- セミナーからの情報等

でのリサーチをあわせて行うのも効果的です。

後者の2つを絡めることには、実は別のメリットも存在します。それは**「キーワード」をより多**

く拾えるという点です。

情報源が一般的、もしくは限定的な場合、どうしても使われる語彙がある程度パターン化されることから、キーワードも限定的になってしまいます。

そうすると、意図せずともライバルだらけのキーワードで強豪を相手にいきなり戦わなくてはなりません。

あまり知られてはいませんが、実はライバルはほとんどいないのにもかかわらず、集客につなげられるキーワードがまだまだたくさん存在するのです。そのヒントとなるのが、**リサーチメディアの広げ方**にあります。何という言葉をきっかけに、そのことを知るのかは、実は人によって異なります。

例えば、私のクライアントで英語教師の方がいました。その方は「上手に話せる方法」ばかりにフォーカスしていましたが、英語を上手に話したいと思うきっかけは人によってさまざまです。

●これから単身赴任で英語圏へ行くことになった。
↓買い物する時、どのくらいの英語力があれば良いのだろうか？

●家族で海外に引っ越すことになった。
↓ご近所づきあいを上手くするためにはどのレベルのコミュニケーションが必要だろうか？

●ネットで知り合ったアメリカ人が今度日本に遊びに来ることになった。
↓滞在中、会話に困らない程度の英語力はどのくらいあれば良いのだろうか？

このように、英語を教えるという切り口ひとつとってもシチュエーションはさまざまですし、そのシチュエーションごとに何を最初に調べるかも異なってきます。

具体的には、

●駅前の英会話教室を調べるかもしれません。
●英会話の番組を視聴するかもしれません。
●旅行雑誌を探すかもしれません。

その後、インターネットで調べるとしたら……。果たして「どのようなキーワード」で検索をするでしょうか。そして、「何を知りたくて」検索をするのでしょうか。

このような場合に、複数メディアでのリサーチが効力を発揮します。

複数のメディアで**リサーチをすることで、必然的に記事のネタが出てきますし、最初に書こうと思っていたことが彼らに有益な情報なのか、さらにどうすれば彼らが問い合わせをして来るかがイメージできるようになってくる**わけです。

結果的にこのクライアントは、見込み客にあったサービスの提供に成功し、インターネットを介して世界中に生徒さんを抱えるようになりました。

さて、あなたのターゲットは日頃どんな雑誌や番組を情報源としているのでしょうか？
また、インターネットで調べる際には「どんなキーワードで」、「何のために」その情報を欲しているのでしょうか？

リストアップして実際にリサーチを進めていきましょう。

❷ 見込み客が情報源とするメディアを重点的にリサーチする

ブログ記事を書く際に、インターネット上からの情報のみで書き上げてしまうことがよくあります。しかし、インターネットだけに情報が偏ると、どこにでもある、信ぴょう性に欠け、価値の低い記事になってしまいかねません。

一方で、インターネットがここまで当たり前になっていてもなお、ターゲットである見込み客の情報源がＴＶや雑誌、書籍というケースが少なくありません。そのため、前述のようにメディアを総合的に調べる必要が生じるわけですが、ここは特にターゲットがよく情報源にしているものを重点的にリサーチすることを意識してください。

リサーチにあたっては、

- そのメディアにおいてどういった情報が発信されているのか **（傾向）**
- どういった情報が普及・認知されており、さらに反応が高いのか **（知名度）**
- どういった情報がよく特集されているのか **（需要）**

こうした視点でリサーチを進めてください。

また、ここでの情報源となる「言葉」が、検索のキーワードのヒントにもつながります。
例えば、

- ●ビジネス系の雑誌
- ●副業・財テク系の雑誌
- ●健康系の番組
- ●旅番組
- ●インスタグラムなどのSNS
- ●お昼の情報番組
- ●グルメの特番

といった具合です。

あなたのビジネスが、かつての自分自身もターゲットである場合、「その頃の自分は何を情報源にしていたのか?」ということを考えてみると、ヒントが浮かんできます。

例えば、今のビジネスに至った経緯を振り返ってみた時に、「実はあの雑誌を愛読していた」「○○というTV番組の情報をよくメモしていた」などといったことが思い出せるかもしれませんね。

❸ 情報は鵜呑みにせず、必ず裏付けを取る

これはインターネット上での情報発信に限ったことではありませんが、「この情報は本当に正しいか」必ず裏付けを取り、記事を読んだ人からの信用が得られるようにしましょう。

専門家として情報を発信するわけですから、責任感を持って情報収集と発信をするように心がけてください。ブログにおいて自分の書いた記事内容の裏付けを取る際は、**必ず記事にも何をもってそれが信用に足るものなのかを引用し、情報元のURLを掲載**してください。

または、**あなた自身が実際に行ってみてどうだったのか、実際に受けてくださったお客様はどうだったのか（検証結果）を記載内容に加える**と、信頼度が高まります。

「嘘か本当かわからない」場合、あなたも経験があるかもしれませんが、裏を取るために検索をすることがないでしょうか？

つまり、他のユーザーも同じ行動を取ってしまうがために、結果的に記事から離脱される原因を作ってしまうのです。

また、信ぴょう性は、Ｇｏｏｇｌｅの提唱するＳＥＯにも影響がある事項です。

情報は無責任に発信をせず、必ず裏を取り、ターゲットが安心してブログを読めるようにしましょう。

なかなかここまで実践する方はいないので、これだけでも差別化が行えます。

「あなたの記事で検索を終わらせる」。

このことを意識して、リサーチ結果をもとに裏付けを取ってください。あなたのブログが終着点であれば、自ずと見込み客のとるべき行動は限られてきます。

・・・・

以上3点が、リサーチをする時に気をつけたいポイントになります。

ここまでのお話は、リサーチとしては必要最低限度として捉えてください。これだけでもかなりの情報源になるのですが、**恒常的に集客をするためにはここからさらに差別化を図る必要があります。**

「えっ？　ブログってこんなに手間がかかるの!?」と思われたかもしれませんね。

そうなのです！　ここまで徹底する方があまりないからこそ、ライバルと差別化ができ、集客につながる記事が書けるようになるのです。

一方で、「でもこのままでは、他とあまり差が出ないのではないか？」と思われるかもしれませんね。基本的に必要とされるベースとなる情報は同じなので、似通ってしまいます。

そこで、ここから先のことをさらにあなたのブログに加えてみましょう！

コピーコンテンツに成り下がるな！ライバルを圧倒する集客記事の書き方

ブログでよくあるのが、先にも挙げたように「他でも得られる情報」で終わってしまうことです。

「なんだ、ここも一緒か！」で終わってしまうと、これ以上このブログを見る必要はないと判断をされ、離脱されてしまいます。そうならないためには、**リサーチをした情報の組み合わせ方を工夫する**必要があります。

この組み合わせ方、実は多くのブログ成功者が語りたがらない門外不出の重要なテクニックなのです。ポイントは、**ターゲットが主に情報源としているメディアではあまり触れられていないこと、もしくはまったく触れられない情報を加える**こと。

いたってシンプルですが、これができるのはリサーチをしっかり行えるブロガーに限られるため、一般的なブログに比べ、質において圧勝できるポイントとなるのです。

では、実際に「主メディアではあまり触れられていない情報」とは、どんなものを指すのでしょうか？　具体的にお話ししていきますね。

❶ メディアの特性に着目し情報を集める

例えば、あなたのブログではＴＶから情報を得る人をターゲットにしたとします。

ＴＶで出ている情報はインターネット・書籍・雑誌でもよく見かける、あるいはすでに話題になっていることが多いですよね。

しかし、実はインターネット・書籍・雑誌だと取り上げられているのに、ＴＶではあまり取り上げられていない、もしくはまったく触れられていなかったりします。同じマスメディアなのに、ちょっと不思議ですよね。

なぜ、こんなことが起こるのだと思いますか？

実は、こうした背景には、**各メディアの属性やスピード感が介在している**のです。

ＴＶで重視するのは、主にニュース性の高さとエンタメ度です。これらに合わないものは視聴率を稼げないためなかなか番組として成立しません。

なぜなら、番組が成り立っているのは、広告主であるスポンサーによるところが大きいからです。

対して、書籍や雑誌は話題性、専門性など、求めるターゲットにより多種多様に販売され、しかも紙や電子データとしていつでも読み返すことができます。

一方で、スピード感といった点では、ニュース性の高いトピックの場合インターネットとＴＶはほぼ同等ですが、それ以外ではＴＶが一番腰の重いメディアであるという感がここ最近の傾向としてあります。

例えば、仮想通貨のようにネットの世界で話題となり、雑誌や書籍で盛り上がり始めたトピックを、最後にＴＶやラジオがこぞって特集を組み始めるといった具合です。

こうした点をふまえてリサーチを綿密に行った上で、**ブログでは各メディアの「隙間」を攻めればよい**のです（**▼図４**⑤参照）。

イメージとしては、ターゲットが特定のメディアの情報からさらに情報を欲した時に引き寄せられるよう、その情報をあなたのブログであらかじめ用意しておきます。

その視点、つまり**ネタは「インターネット」「ＴＶ」「雑誌・書籍」、それぞれの交わる部分に存在する**ことになります。もちろん、最も強力なのは、これら主要メディア３つが重なる部分です。

ここまでは理解できたでしょうか。このロジックを上手に活用することにより、例えばターゲットがＴＶを情報源とする人であれば、ネットと雑誌でしか取り扱われていない情報を加えて発信をすることで、「初めて知った！　この記事は有益だ！」と思ってもらえる情報を届けることができるようになるのです。

図4⑤　差別化するためのネタの広げ方
例）TVを中心に広げた場合

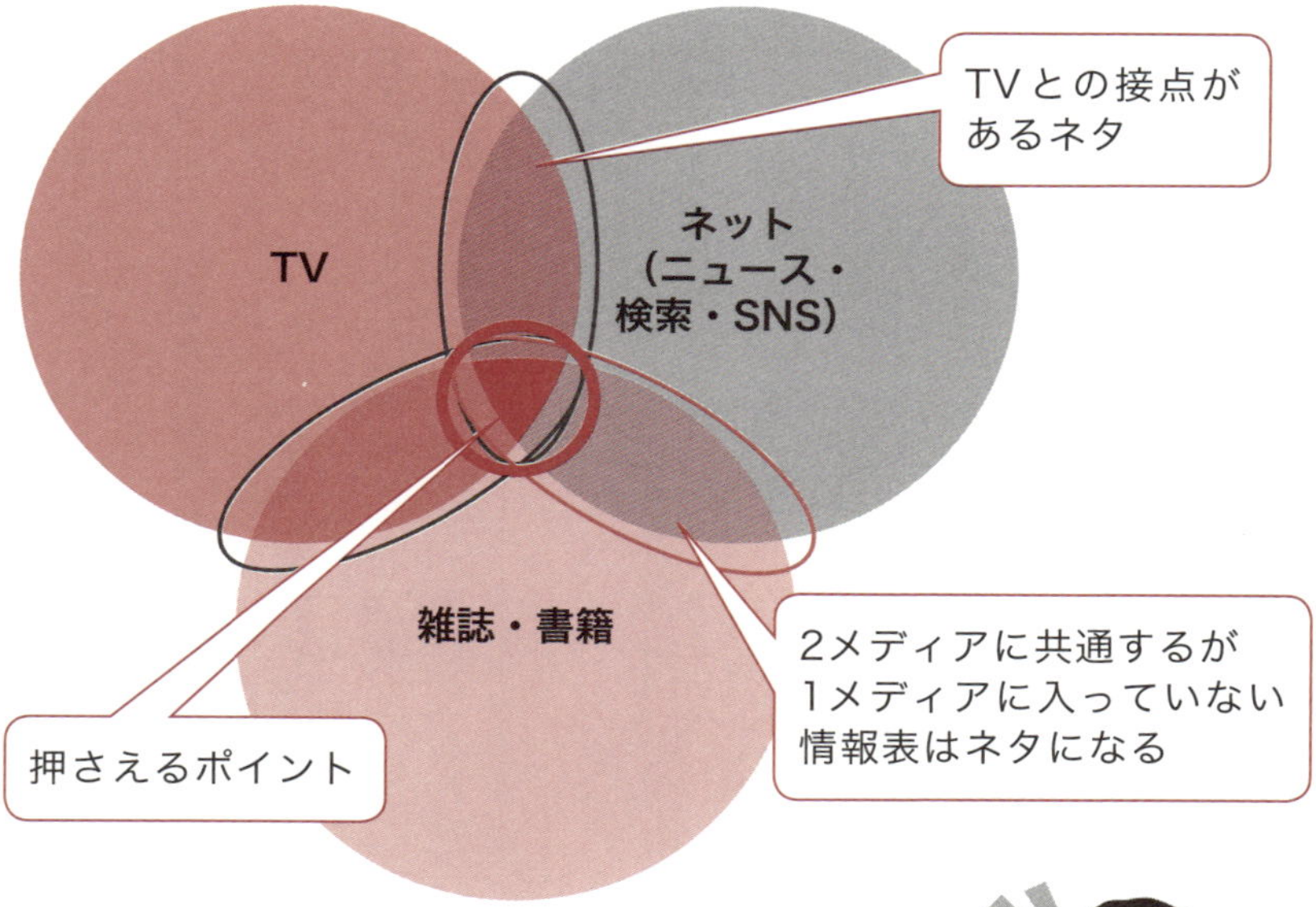
TV
ネット
（ニュース・
検索・SNS）
雑誌・書籍
TVとの接点が
あるネタ
2メディアに共通するが
1メディアに入っていない
情報表はネタになる
押さえるポイント

図のように、ターゲットがあまり触れていないメディアから得た情報を加えることで、記事に深みが増します。

さらには、専門家の立場としてのあなたの見解や実践を通した経験談を加えれば、あなただけの記事を作ることができます！

❷ 集めた情報を分類・精査する

次のステップとして、集めた情報を次の3つにまとめてみましょう。

❶ あなたのターゲットが欲しい情報は何か？
❷ その情報でメディアに共通することは何か？
❸ メディアによって足りていない情報は何か？

この流れで情報をまとめられれば、

- 最初に立てた予測に対するニーズがあるのか？
- どのような形でニーズがあるのか？
- ニーズを満たすにはどういった情報が有益か？

ということが理解でき、必要な三大要素を押さえられるようになります。

そして、思い込みではなく**市場で認知されている情報をしっかり捉え、いずれかのメディアをキッカケに「もっと知りたい」と思ったターゲットに対して入り口となる情報を届け、さらに役に立つ情報を網羅したブログ**が構築できるのです。

しかし、ここまでは依然として「役に立つ記事」どまりです。あなたのブログから商品やサービスを購入してもらうために、さらに手を加えましょう。

❸「基本ポイント」を意識して記事化する

では、ここまでのリサーチをもとにでき上がった「基本ポイント」に

- リサーチで見込み客がもっと知りたいと思っていること
- ニーズがあるとわかったもの
- あなたがさらに付け加えて伝えられたこと

これらを記事に加えましょう。

例えば、

- 実例をもとに検証をしてみた結果「これが効果があった！」
- 「本当なのか詳しく調べてみた。そして自分のサービスにつなげる際に、実際にこれらをもとに自分のノウハウを加えたことでさらに成果があった」

といった体験記を加えると、より深みが増し、読者により響く記事になります。

また、**「自分はこの専門家なので困ったら〇〇から相談してくださいね」という文言を付け加えると、見込み客の行動喚起につながります。**

私自身、定期的にお問い合わせをいただく記事にはこのようなメッセージを必ず加えています。そうすることで「この〇〇という記事を読み、相談のメールをしました」といったお問い合わせを恒常的にいただいています。

一見地味ですが、困っているターゲットからすると、一気に心理的なハードルを下げてくれるひと言で、集客のきっかけづくりができてしまいます。

集客のきっかけとなる導線として、あなたのブログにもこのひと言を加えてみてください。

Column 4 わかりやすい記事、説得力のある記事を書く訓練

実践を積み重ねて、多くの知識とスキルを身につけると、いざ記事を書いていく際に「どこから何を伝えようか」と固まってしまう人がいます。そんな時は、モニターでも無料でも良いので、誰か1人に教える環境を作りましょう。

教えることで自分の理解が一層深まり、スタート段階の方はプロ意識が定着していきます。また、クライアントが結果を出せば実績にもなり、何より喜んでもらえることでやりがいが芽生えます。

こうした好循環ルートにひとたび乗ってしまえば、さらに専門家として探求していく理由が明確になり、あなたの力になっていきます。

質問をたくさんしてもらうことで、必然とアウトプットできるようになり、わかりやすい説明がどういうものなのかも体感できて一石二鳥です。独立してから十数年が経ちましたが、僕自身も交流会や懇親会、自社のコミュニティを通じて相談を受けるようにしています。

質問されることはアウトプットの立派なトレーニングになります！

Check List

Chapter 4の振り返り

- □ あなたが書きたい記事のターゲットの主な情報源は何ですか？
- □ そのメディアをキッカケに検索をするとしたら、何を目的としてどんなキーワードで検索するでしょうか？
- □ 入り口として、情報は十分に網羅されていますか？
- □ ターゲットの興味はどのように移り変わると思いますか？
  - □ 1）入り口 ⇒ 次に惹かれる情報は？
- □ 情報を網羅するだけではなく以下の事項も行っていますか？
  - □ 1）情報の裏付けを取り、記載する
  - □ 2）あなたの見解も述べる
- □ 読者に行動を喚起させていますか？

以上のチェックをクリアしたら、Chapter 5に進みましょう！

Chapter 5

アクセス数に惑わされるな!

集客をリードするSEO対策と記事の書き方

継続的な集客を実現するためには、SEO対策と呼ばれる、検索エンジンでの上位表示は避けては通れません。

しかし、多くの方がこのSEO対策について間違った捉え方をしています。それが原因で、せっかく書き上げた記事が絶対に上位表示されなくしているケースが決して少なくありません。〈チャプター4〉でのお話同様に、ここでも「思い込み」があるがために、見込み客をみすみす逃しているわけです。

このチャプターでは、今もっとも有効なSEO対策とは一体何なのか、何をすることで検索上位にランクインできるのか、最新の検証結果とともにまとめました。これができれば、あなたはライバルがいなくなるだけでなく、継続して検索上位を獲得することができるようになります。

特に

- Webサイトやブログを立ち上げたものの、検索の順位が一向に上がらない。
- そもそもSEO対策が何なのかよくわからない。
- どのようにしたら自分の記事にアクセスが集まるようにできるのかわからない。

という方は、このチャプターでお伝えすることを実行するだけで、これらの問題点が一気に解決することができますよ。

これでアルゴリズムの変化も怖くない！ブログの認知度を飛躍的に高める15の方法

SEO対策という言葉を聞くと、大抵の方は「ああ、アクセスアップ対策でしょう」とか「検索順位を上げることですよね」と回答されます。でも、実はそれはSEO対策ではないことをあなたはご存知ですか？

正しいSEO対策とは、あなたの見込み客を集客し続け、売上につながるキーワードで検索上位を獲得することを指します。

実際、多くのブログ運営者はアクセス数を上げるためだけに記事を書いています。しかも困ったことに、一体何のキーワードで検索上位を獲得すれば見込み客が来てくれるのかをよく理解していないのです。

アクセスアップは確かに必要です。しかし、**売上につながらないアクセス数であれば、たとえ10万アクセスあってもまったく意味がない**のです。

では、**具体的に集客につなげるためのＳＥＯ対策として、何をすれば良いのか**？

細分項目を含め、Ｇｏｏｇｌｅには２００以上の評価ポイントがあると言われていますが、大まかに分けて私は15の項目を意識しています。これらはすべて実際に複数のキーワードで検索1位もしくは1ページ目にランクインできた、かなり有効な方法ばかりです。あなたのブログ集客力アップに、ぜひお役立てください。

認知度を飛躍的に高める15の方法

① サイトマップ登録と送信を行う

まず、あなたのＷＥＢサイトやブログを検索エンジンに管理者として登録します。

検索エンジンに登録すると、サイト所有者が誰で、どういったサイト構造なのかが認識されるようになります。さらに、**サイトマップの送信を行うことで記事がインデックスされ、特定のキーワードで検索を行った際に表示される**ようになります。

ワンポイントアドバイス

インデックスとは「特定のキーワードの検索結果の候補にされる」という認識で問題ありません。

日本で主要の検索エンジンはＹａｈｏｏ！ＪａｐａｎとＧｏｏｇｌｅ、そしてＢｉｎｇの３つです。

しかし、Ｙａｈｏｏ！Ｊａｐａｎは２０１１年からＧｏｏｇｌｅのシステムを使っているため、実質２つの検索エンジン対策を行います。

Ｙａｈｏｏ！ＪａｐａｎとＧｏｏｇｌｅを合わせると、Ｇｏｏｇｌｅの検索システム利用率は約９３％を占めます。よって、**サイトマップ送信をするのは、Ｇｏｏｇｌｅ、そしてＢｉｎｇの２つで十分**といえます。

ワンポイントアドバイス

BingはMicrosoftが提供する検索エンジンです。サイトマップ送信と登録方法は、〈チャプター1〉最後に記載しているマニュアルサイトにて解説しています。未登録の方は、この機会に登録を済ませておきましょう。

認知度を飛躍的に高める15の方法

② サイトマップやクロールエラーを修正する

サイトマップに登録を済ませたら、2〜3カ月に1度程度で良いのでサイトマップやインデックスのエラーがないか確認を行います。

もし何らかのペナルティを受けてしまった場合はGoogleから通知がありますので、必ずチェックしてください。

クロールエラーはＧｏｏｇｌｅがあなたのサイトに情報を収集しに来た時にＵＲＬが見つからない場合などに警告が発せられます（エラーの詳細は必ずしもこれとは限りませんので、確認をしてください）。

サイトマップエラーは、例えば送信したサイトマップ内のＵＲＬでページが見つからない時などに警告が表示されます。

もともとあったページが見つからない⇓ユーザーが困る⇓問題のあるサイトだ。

というみられ方をされてしまうためです。ＵＲＬの変更・削除があった場合は、Ｇｏｏｇｌｅに申請を出すことができますので、速やかに対応してください。基本的には、1度公開したページのＵＲＬは変更しないことが最善の策と言えます。

詳しくはＵＰブログ「ＷｏｒｄＰｒｅｓｓでＧｏｏｇｌｅサーチコンソールのサイトマップ警告を解決する方法・手順」で解決策をお示ししていますので、必要に応じご覧ください。

［記事ＵＲＬ］ https://infinityakira-wp.com/wordpress-google-search-console-keikoku/

③　更新、新規公開した記事は通知を行う

次に、新規公開した記事は検索エンジンに通知を行う癖をつけてください。サイトマップ登録を行えば、定期的にクローラーと呼ばれるロボットがあなたのサイトを巡回してインデックスしてくれます。が、検索エンジンに通知を行うことで、いち早くこちらから検索エンジンに更新を知らせることができます。

Googleでは**『Fetch as Google（フェチ　アズ　グーグル）』という機能を使えば、その場でインデックスを促すことができます**。ただし、直ちにインデックスされるのかどうかは、Googleのみぞ知るといったところです。また、後述する適切な記事の書き方ができていない限り、たとえインデックスされても検索上位に表示されるわけではないことも留意しておいてください。

「更新→Googleに通知」。この作業をしっかり習慣づけて、一刻も早く記事をインデックスさせましょう。

詳しい方法はＵＰブログ「Ｇｏｏｇｌｅにいち早くインデックスさせるＦｅｔｃｈ　ａｓ　Ｇｏｏｇｌｅの使い方」をご参照ください。
［記事ＵＲＬ］https://infinityakira-wp.com/google-search-system/

認知度を飛躍的に高める15の方法

④　スマホ対応を必ず行う

今や、インターネットはモバイルの時代。総務省が２０１７年に行った通信利用動向調査では、個人のインターネット利用機器でスマホが約54％、ＰＣが約49％と、初めてスマホがＰＣを上回っています。

もはやＰＣからのアクセスを前提にした専門的なサイトでもない限り、今スマホ対応をしていないのは正直なところかなりマズいです。

試しに、Ｇｏｏｇｌｅアナリティクスのレポート画面であなたのサイトのアクセスＯＳを調べてみましょう。ここでは、システム内のオペレーティングシステムでＯＳ別のアクセスを調べることができます（▼図5①参照）。

ほぼアクセスがスマホ（モバイル）である場合は、レイアウトをスマホの画面の解像度に合わせて最適化させるのが効果的です。

私のブログのようにPCとスマホの割合が半々くらいの場合は、**スマホ表示対応（レスポンシブ）**なテーマを使えばスマホユーザーにも問題なく対応することができます。

アクセスしてくれる読者がストレスなく読めるようにすることは「わかりやすい」「見やすい」といった質の高いコンテンツという評価にもつながりますし、離脱率や滞在時間、PV数等にも影響を及ぼします。

訪問してくださる方に配慮する意味でも、最低限のスマホ表示対策はしておきましょう。

図5①　端末別アクセス数の表示画面（Googleアナリティクス）

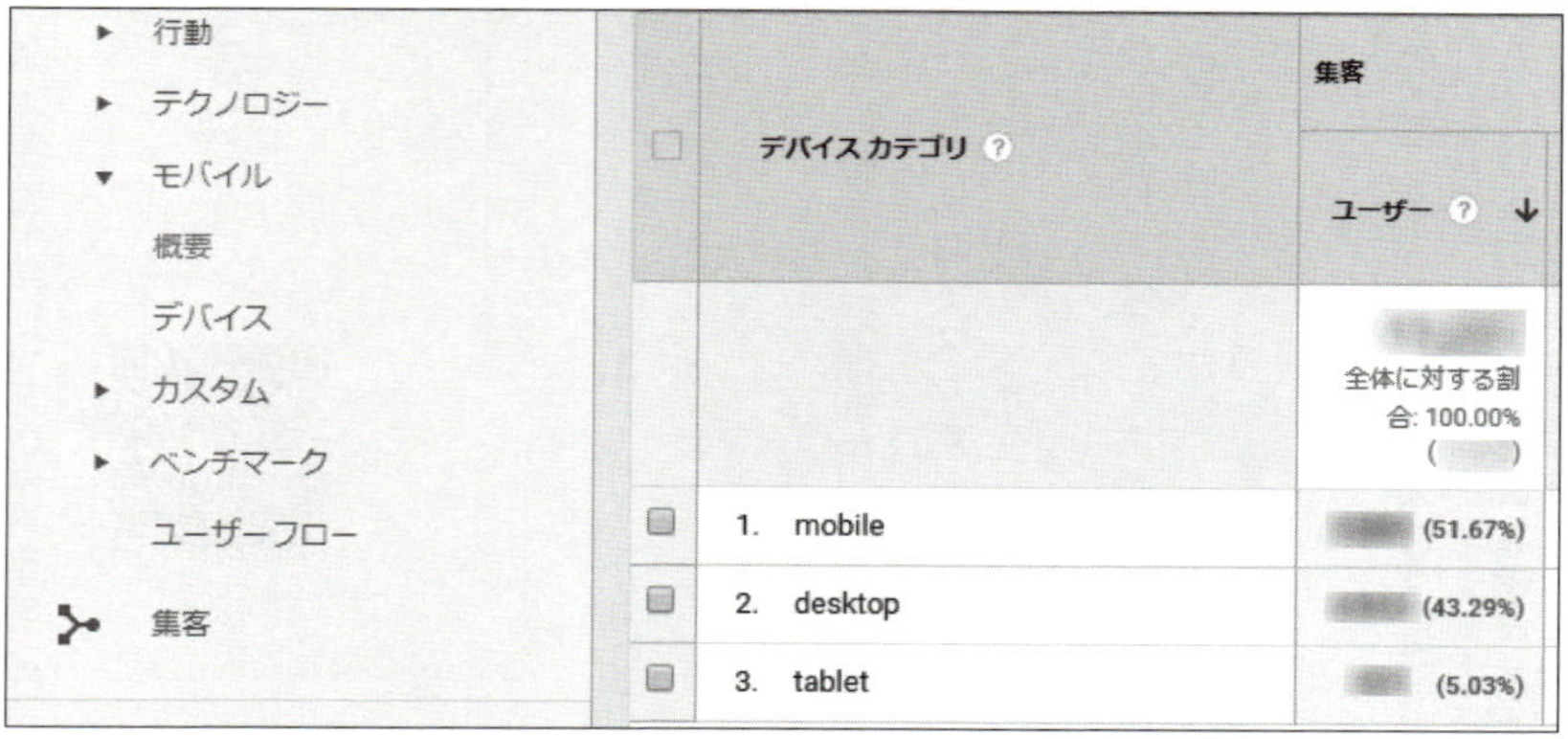

※mobileはスマートフォン、desktopはPC、tabletはタブレット端末を意味します。

⑤ SSL（https）に対応する

SSL（Secure Sockets Layer）とは、ネットワーク上での通信を安全にするための暗号化技術です。Googleでもかねてよりサイトの SSL対応を推奨しており、SEOにも考慮すると発表しています。

また、Google chromeをはじめとするブラウザでは、**図5②**のようにSSL対応しているかどうかが表示され、非対応時は安全ではない可能性があるという表示をするようになりました。

昨今、ブログ集客などで個人情報を取り扱うケースが増えてきています。そうした中にあって、セキュリティ対策は相手の方への配慮にもなるほか、サイトの信頼性にもつながりますので、率先して取り組んでください。

図5② SSL化できている場合とできていない場合の違い

保護された通信 | https://infinityakira-wp.com
https://infinityakira-wp.com/l
SSL対応
SSL非対応

認知度を飛躍的に高める15の方法

⑥　表示速度を上げる

忘れがちですが、サイトの表示速度対策も非常に重要です。

あなたも、興味があった記事をクリックしてみたけれど、2、3秒たってもなかなか画面が表示されず、結果「もういいや」とページを閉じてしまったことはありませんか？

インターネットにつなぐ回線の速度もありますが、**PCはもとよりスマホでの表示が遅いと、ページを閉じられてしまう可能性が高まります。** 実際、Ａｍａｚｏｎではサイト表示が０・１秒遅くなると売上が１％落ちると発表しています。

表示速度を測り改善するためには、ＧｏｏｇｌｅのＰａｇｅＳｐｅｅｄ Ｉｎｓｉｇｈｔｓ（ページ　スピード　インサイト）を使うと便利です。

□参考ページ：ＰａｇｅＳｐｅｅｄ Ｉｎｓｉｇｈｔｓ

［ＵＲＬ］https://developers.google.com/speed/pagespeed/insights/?hl=ja

こちらのサイトで表示速度を確認したいサイトのアドレスを所定欄に入力すると、ページの読み取りスピードがモバイル、ＰＣそれぞれに１００点をマックスとして表示されます。最低70点はないと「遅い」と判断されます。改善内容も瞬時に示されます。

また、Ｇｏｏｇｌｅアナリティクスの『レポート』⇓『行動』⇓『サイトの速度』から、あなたのサイトの読み込み速度など全体、ページごとに詳しく調べることができます。

「ストレスなく記事にアクセスできるブログであること」を常に意識してください。

認知度を飛躍的に高める15の方法

⑦ オリジナル画像を使い、代替テキスト設定を行う

現在のＳＥＯでは、特に「コンテンツＳＥＯ」、つまりＷＥＢサイトの「質」が重要視されています。

このコンテンツＳＥＯにはオリジナリティが求められます。したがって、サンプル画像や他人の写真を無断で使うことはあなたのサイトの価値を下げるだけでなく、著作権侵害でトラブルを招く可能性もはらんでいます。

また、**ビジュアルコンテンツをオリジナルの画像に差し替えたことで、検索順位が上昇した**という話もよく聞きます。多少手間はかかっても、自分で画像を用意し、必要に応じ加工して使ったほうがサイトの質と信用はグンと高まります。

私のブログで使用している画像の多くは購入したものですが、商用利用可能な無料画像もネット上で数多く探すことができます。もし、不用意にも他人の画像を使っている可能性のある方は、この機会に差し替えておくのが無難です。

また、**画像では代替テキストの設定（alt《オルト》設定）が可能**です（**▼図5③**）。

この設定によりテキスト情報自体がＳＥＯに大きく貢献する確率は決して高くはないのですが、**そのページで使われている画像が記事本文と関連性が深いことを検索エンジンに伝えるという意味では、非常に有効な手段**です。

ただし、同じキーワードを繰り返し使いすぎるとスパム判定される可能性もあるので、その点は注意してください。

⑧ キーワードを使い、記事を読む価値を伝える

SEO対策はそもそも、あなたの情報とユーザーをつなげることが目的です。その「つなげる」役目を果たすのが「キーワード」となります。

しかし、キーワードについて次のような間違った認識をしている方が多いのも事実です。

□キーワードに対する勘違いの例

●キーワードは並べればいい
（例：ブログ・記事・書き方だけのタイトルでも問題ない）

●キーワードを使えば、そのキーワードでインデックスされる
（例：駅名＋店舗名を全記事に入れれば、検索結果が表示される）

図5③　画像詳細

キャプション
きっと今のあなたもこんな状態では！？
代替テキスト
ブログ読者の心理
記事と画像との関連性の深さを検索エンジンに伝えます。

キーワードは、その言葉で検索をする人に「ここにあなたが今求めている情報がありますよ」ということを適切に伝えるために使われます。そのためには、埋め込みさえすればそれがキーワードとして認識される、というわけではありません。

実際、あなたも検索結果画面では記事のタイトルや概要（ディスクリプション）でクリックして読むかどうか判断された経験はないでしょうか？

読者も同じです。キーワードを使うと、読者に「ここに情報がありますよ」と伝わりやすくなる場所があります。その場所とは、次の5カ所です。

□キーワードと情報が紐付きやすい場所

❶タイトル
❷ディスクリプション（記事の概要）
❸記事の冒頭文（導入文）
❹見出し
❺文章内

日常会話では、話の文脈から察してわかるだろうということを前提に「何を指しているのか」を省くケースが多いですよね（例：「でさ、あの話なんだけど…」）。

しかし、**記事の場合は「その記事で始まり、終わる」という前提条件がありますので、原則として「わかっているだろう」「察してほしい」というある種の思い込みは通用しません。**きちんと伝えなければ、SEOは振り向いてくれないのです。

したがって、「何について」書いているのか、常にキーワードを使い、言語化するよう意識してください。中でも❶〜❹の場所は、あなたのブログに検索者がたどり着き、記事を読むかどうか判断する流れの中で必ず目を通す場所ですから、そこで伝わるようにしましょう。

認知度を飛躍的に高める15の方法

⑨　キーワードはその情報を検索するユーザー視点で設定する

⑦でもお伝えしたように、昨今のSEO対策では、検索をするユーザーの求めている情報かどうか「コンテンツの質」が重要視されるコンテンツSEOが主流です。

大抵の場合、「このキーワードでアクセスが欲しい」という思いからキーワードを選定しますよね。

しかし、この考え方は正確には適切ではありません。

キーワードの選定を行う際は、「このキーワードでユーザーが知りたい情報は一体何だろう？」と考え、実際に検索をした上でそのキーワードに求められる情報をまずはリサーチしてください。

こちらが加えて伝えたいことがある場合も、発信者主体ではなくユーザーのニーズをふまえた上で付け加える形で書くほうが、読まれやすく検索上位に表示されやすい傾向があります。

また、あまりにも自分の想いや感情論ばかりで書いてしまうと、ネタとしては興味を引くかもしれませんが、ＳＥＯ的にはユーザーの求めている情報ではないと判断されてしまう傾向も強く見受けられます。このあたりは、Ｇｏｏｇｌｅが提供している**『ウェブマスター向けガイドライン』**に目を通しておいてください。

なお、リサーチについては〈チャプター４〉で詳しく解説していますので、繰り返し実践してください。

□参考ページ：ウェブマスター向けガイドライン

https://support.google.com/webmasters/answer/35769?hl=ja

認知度を飛躍的に高める15の方法

⑩ 内部SEO対策として内部リンクを活用・整理する

SEO対策で欠かすことができないのが、**内部SEO対策**です。
SEO対策には「内部」と「外部」の2つがあります。

□内部SEOと外部SEO

- 内部SEOは、あなたのブログ内でユーザーがより多くの情報を収集しやすくするために行います。
- 外部SEOは、他のサイトで紹介してもらいリンク（被リンク）を掲載してもらうことを指します。

外部SEO対策については評価対象が第三者（他人）のため、こちらからコントロールすることは残念ながらできません。これに対し、内部SEO対策はブログの中でいつでも行えますので、いつでも調整が可能です。

細かい項目はいくつもありますが、大まかに言うと「ユーザーにとってわかりやすいコンテンツであり情報収集が簡単にできる」状態にすることがベストです。そのための**最も有効な手段としては、関連性の高い記事同士をお互いの記事の中でリンクを設置してつなげてあげる（＝内部リンク）が効果的**です。

WordPressでは、プラグインやテーマの仕様で関連記事を自動表示することができます。ただ、この関連記事表示は同一カテゴリー内の記事を紹介する機能であるため、完全に一致するとは言い切れません。

そこで、**記事内にも積極的に関連記事情報を掲載して読者が情報を拾いやすい環境を整えましょう。こうすることで、SEO効果はさらに高まります。**

検索をするユーザーは、欲しい情報や抱えている悩みや欲求を解消したくて調べています。しかし、その情報が1つの記事の中で完結できない場合は、ページを閉じられ他のサイトへと立ち去ってしまいます。

そうならないために、検索してきたユーザーの悩みや求めている回答があなたのサイト内で完結できるよう関連記事をサイト内に設置し、相互にリンクさせるのです。これにより、ユーザーニーズに応えている＝質が高いと評価されるようになります。

さらには、ページ内の回遊数が増えてPV数や滞在時間も増えることから、総合的にSEOの効果が期待できるようになります。

また、これ以外にもまとめ記事などを活用することにより、狙った記事へアクセスを流すことも可能です。

認知度を飛躍的に高める15の方法

⑪ リンク切れがないか定期的にチェック

リンク切れとは、記事内で掲載しているブログ内の他の記事へのリンク、参照サイトなどをクリックしても、そのURLが存在せずに機能しないことを指します。

リンク切れがあると、Googleが定期的にクロールをしてあなたのブログをチェックしに来た際、「リンク先が存在しないぞ」と、エラーとしてカウントされます。**こうしたエラーは検索ユーザーが求めている情報を十分に与えられていないとみられてしまい、「質の低いコンテンツである」と判断されかねません。**

何より、読者がサイト内で移動できなくなってしまいます。

サイト内の移動が簡単にできると、1人当たりのページビュー数も増えますので、SEO効果も期待ができます。

WordPressでリンク切れをチェックする際には『Broken Link Checker』というプラグインが簡単でお勧めです。

あなたのブログもリンク切れが起きていないか、定期的にチェックしてください。

□参考ページ：Broken Link Checker

[URL] https://ja.wordpress.org/plugins/broken-link-checker/

認知度を飛躍的に高める15の方法

⑫ 検索にふさわしくない記事はｎｏｉｎｄｅｘを使う

ブログやＷＥＢサイトは記事単位での評価にとどまらず、サイト全体でも検索エンジンに評価されます。そのため、Ｇｏｏｇｌｅに質が低いと判断されてしまう記事があった場合、平均点が下げられてしまいます。

例えば、次のような記事です。

□検索にふさわしくない記事
- ただの日記など、検索するユーザーにとって何もメリットがない記事
- ブログを定期的に読んでくれる読者にだけ向けた記事

こうした評価が下がる現象を避けるため、**評価対象に入れてほしくない（検索エンジンからのアクセスにふさわしくない）記事やページは、ｎｏｉｎｄｅｘという機能を使って評価の対象から外**

すことができます。

WordPressの場合、プラグインもしくはテーマにその機能が付いています。記事ごとに「この記事は検索されるのだろうか?」「検索をする人が求めている情報なのだろうか?」と読者の視点で精査を行いましょう。

ただし、何でもかんでもnoindexを使えば良いわけではありません。過去記事を加筆・修正（＝リライト）することでも、記事のクオリティは向上し、検索されやすくなります。詳しくは〈チャプター6〉で解説します。

認知度を飛躍的に高める15の方法

⑬ 拡散ツールとしてSNSを大いに活用する

「ブログやWEBサイトはSEO対策さえしていれば問題なし!」と考える方もいますが、**SNS**対策も実は大切なSEO対策のひとつです。

明確なSEO対策になるとは公表されていませんが、Googleの提供するツールで表示される項目はSEOに重要な要素のひとつであると解釈するのが一般的な考えです。
実際にSNSで多くのシェアやはてブがつき、バズった（一時的にアクセスが爆発する）記事は検索の上位に上がりやすくなる傾向があります。

加えて、SNSの拡散力は2016年にあのピコ太郎氏の存在を瞬く間に世界中に知らしめたことでも明らかなように、決して侮れません。
特に検索エンジン経由からのアクセスが少ない場合は、SNSを活用することによりアクセスを一定数以上に増やすことが見込めます。加えて、**検索エンジンとSNSではユーザー層が異なることから、例えばこれまでは検索エンジンでしか届けることのできなかったユーザーにSNSを通じてリーチさせることも可能になる**のです。

はてなブックマークは、ブログを書く方であればアクセスアップにも活用できますし、さらには最新のトレンドネタやブログの書き方も知ることができるので、ぜひ活用してみてください。
③でご紹介したFetch as Googleと同様にブログを更新したらSNSでも投稿し、知ってもらうきっかけ作りをしていきましょう。

認知度を飛躍的に高める15の方法

⑭ 記事の定期的なメンテナンス（リライト）を行う

「記事は書いたら終わり！」と思っている方が多いですが、**公開後定期的に記事に加筆・修正を施すこと（リライト）により検索順位を上げることは十分に可能**です。

また、記事に上げた情報が更新、あるいは追加された場合、都度更新して常に最新の状態にしておくことで、検索順位の維持にもつながります。

詳しい方法は、〈チャプター6〉で解説します。

認知度を飛躍的に高める15の方法

⑮ ペナルティ対象記事がないかチェックする

Ｇｏｏｇｌｅは２０１７年９月23日のアップデートをもって『質の低いリンクがあるサイト』や

『スパムと判断されてしまうサイト』を中心に評価を下げるペンギンアップデートをリアルタイムで実施することを発表しました。

検索順位が落ちてしまうと、アクセスだけではなく、集客や収益にも影響を及ぼします。自分のサイトに規約違反の対象となる記事やページはないかチェックしておきましょう。

Ｇｏｏｇｌｅでは**セーフ ブラウジングのチェック**ができますので、確認をしておくことをお勧めします。

□参考ページ：セーフ ブラウジングのサイト ステータス
【ＵＲＬ】https://transparencyreport.google.com/safe-browsing/search

・・・・

以上の15項目が、ＳＥＯ対策として最低限度チェックしておきたいポイントになります。

細かいことを言えばきりがないのですが、ひと言で言えば「**検索ユーザーが求めている情報を知りたい順番でわかりやすく丁寧に記事にまとめ、関連情報は記事内からリンクをたどれば読めるようにする**」。この点を意識していただければＯＫです。

さて、ここまでは大まかなSEO対策についてのお話をしましたが、結局のところ見込み客からのアクセスを定期的に集めるためには「キーワード対策」が必須となることがおわかりいただけたかと思います。

ユーザーはGoogleなどの検索エンジンに「知りたいこと」を「キーワード」として入力して情報を探します。思うように集客ができないという方のブログを拝見すると、十中八九この「キーワード対策」のどれか、あるいはほとんどが抜け落ちています。

ここがきちんと対応できていないと、たとえどれだけあなたのコンテンツが見込み客にとって役に立つものだったとしても、気づいてもらえずに埋もれてしまいます。

では、どのようにしてキーワード対策を行うと良いのか？　詳しく解説していきます。

複合キーワードで見込み客を具体化させる方法

ブログは、ただ記事を書くだけではアクセスしてもらえません。
なぜなら、記事を公開するだけでは、あなたのブログがどこにあるのかが誰にもわからないからです。

特にブログ集客やアフィリエイト、自社商品セールスをする上では、知ってもらえなければ、たとえどれだけ良い商品・サービスであっても売れることはありません。

そこで、ブログを検索して見つけてもらえるように、あなたの記事の情報を求めるユーザーが使うキーワードを選定して、ブログと関連づける作業が必要となります。

ブログにアクセスをしてもらうためには、大きく分けて

❶ SNSを活用する
❷ 他社のブログ（記事）で紹介してもらう

❸ 検索経由でアクセスを促す

以上3つの方法があります。

どれも効果はありますが、❶のSNSは発信してもすぐに他のユーザーの投稿に埋もれてしまうことから、極めて一時的です。❷紹介も相手ありきのため、アクセス数の安定や増加にはなりにくい傾向にあります。

対して**❸検索経由は、毎日検索をする人からアクセスされるので、より多くのアクセスを継続して集めることが可能です。**

これまで幾度となくお伝えしてきたように、検索のキモは「キーワード」です。検索されやすくするためにはキーワードを選定し、あなたのブログを検索結果に表示させる必要があるのです。

あなたも、何か調べ物をしたい時、検索をしますよね。その時を思い浮かべてみてください。必ず目的を達成させるための「キーワード」を使って検索をしているはずです。

同じように、あなたのブログもキーワード検索の結果画面で表示させられれば、アクセスが集まるようすがイメージできるのではないかと思います。

前置きはこのへんにして、本題に入りますね。

検索には大きく分けて2つのパターンがあります。

> ❶キーワードを組み合わせたパターン
> 例）「ブログ　書き方」や「ブログ　記事　書き方」のようなものです。
> ❷何をしたいのかを文章にしたパターン
> 例）「読まれるブログ記事の書き方を知りたい」

最近はＧｏｏｇｌｅの音声検索もハンズフリーで容易に調べられるので、使われるシーンが増えていますよね。この場合も「何をどうしたいのか」というキーワードを盛り込んで検索をしています。

ですので、あなたのブログをより多くの方に読んでもらうためには、キーワードをしっかりと選び、使いこなす必要があるのです。

ただし、キーワードはただ選定して盛り込めばいいわけではありません。よく誤った認識をされている方がいらっしゃいますが、キーワードは「このキーワードでインデックスしてくださいね」

とＧｏｏｇｌｅに申請をするものではありません。あくまで検索ユーザーとコンテンツを紐づける架け橋であり、そのキーワードでは相応しくないと判断されれば、まったく意味をなさないのです。

例えば、**「○○駅整骨院」というキーワードをすべての記事に入れたからといって、そのキーワードでインデックスされるわけではありません。**あくまでそのキーワードで検索する方が欲する傾向がある情報に対してのみ、キーワードは働くのです。

キーワードを選ぶ際は、必ず2〜3個のキーワードを組み合わせた『複合キーワード』を使うようにしましょう。

「1つのキーワードだけ考えればいいんじゃないの？」と思われるかもしれませんが、以下の理由からお勧めしません。

- 『質問』の定義が広がりすぎてしまう（つまり、答えられない）
- ターゲットが曖昧になり、あなたのブログと紐づかなくなる
- 単一キーワードで検索されることがほぼない

検索する人は『何』を『どうしたいのか』をセットで検索します。ですので、**1つのキーワード**

だけだと、『どうしたいのか』の部分がわからないため、あなたのブログの記事にある『答え』と紐づかなくなってしまうのです。

例えば、読まれるブログの記事の書き方を知りたいと思ってGoogleに『質問』した人がいたとします。

そして、あなたのブログではその『答え』を持っていたとします。

さて、この2つの接点となるキーワードは何だと思いますか？

1つ目のメインとなるキーワードは『ブログ』になりますよね。もし、この時にキーワードが一つだけだとしたら……？　ブログを「街」だとしたら、街全体からお店を探すくらいに発見してもらえないでしょう（**▼図5④⑤**参照）。

これに対し、キーワードを2～3個組み合わせた場合は、検索者が何を質問しているのかがより具体的かつ明確になります。

ということは、こちらも回答をより具体的に示すことができますよね。

図5④　キーワードが単一の場合

▶▶街全体から目的のお店を探すようなもの。

図5⑤　キーワードが複合の場合

▶▶住所が明確なのですぐに見つかる！

このように、**検索者の質問に回答できると、検索結果で上位に表示される可能性がそれだけ高くなる**のです。ですので、キーワードは1個にせず、必ず2〜3個（またはそれ以上）を組み合わせ具体性を持たせて選定するよう意識してください。

ワンポイントアドバイス

検索者の「何のための検索か？」という部分の背景や意図のことを『コンテクスト』と呼びます。

キーワードを考える時は、「その人は何のために検索をするのだろうか？」そして、「自分の記事ではどのようにして答えられるのか？」といった回答内容をセットで考えると浮かびやすくなります。

もうひとつ、ブログにマッチしたキーワードの選び方についてポイントを説明します。

手法としては、

1）月間平均検索ボリュームが大きいキーワードから記事を書く
2）ブログ記事の内容から逆算する

の2通りがあります。

まず、1）キーワードからブログ記事を作るにあたっての大まかな流れは、次のようになります。

❶キーワードを選定する
←
❷そのキーワードで検索者が求めている『答え』が何かリサーチをする
←
❸既存の上位記事よりも『質』で勝る記事にする

逆に、2）あなたのブログ記事からキーワードを逆算して選定する場合は、次のような流れになります。

❶あなたがブログで提供できる『答え』を決める
←
❷その『答え』を求める検索者の『質問』キーワードを予測する
←

❸ 予測したキーワードをもとに、競合サイトをリサーチする

⬅

❹ 既存の競合サイトよりも『質』で勝る記事にする

なお、どちらの手法のほうがアクセス数が稼げるかというと、私のこれまでの経験上では、1）キーワードから記事を書くほうが、2）記事から逆算してキーワード選定する手法よりもアクセスが伸び、収益に直結しやすいです。

理由としては、**月間平均検索のボリュームが大きいキーワードから入る場合は、あらかじめそのキーワードで上位表示されると大体どのくらいのアクセス数が稼げるのかが予測できる**からです。対して記事からの場合は、必ずしも月間平均検索ボリュームが大きいとは限りません。

ただし、必ずしもアクセス数が多ければ良いわけではありません。なぜなら、集客やセールスに結びつきやすいキーワードは検索ボリュームが小さいケースでもよくあるからです。（ビジネスモデルにもよりますが、月間アクセス数が10万未満のブログでも、月に100万円以上の売上を立てられるケースも多く存在します）

●アクセスの母数が多い ≠ 集客・セールスに結びつきやすい

これは覚えておくと良いでしょう。

何よりも大切なのは「**目的にあったキーワード選定ができているかどうか**」です。目的に応じて切り替え、記事を組み立てることをお勧めします。

・・・・

以上がSEO対策に有効で、中・長期的にも検索経由で見込み客を集め続ける方法です。ここで、1点注意すべき点があります。

SEO対策は従来、キーワードの盛り込み方等のテクニックで対策することがメインでしたが、今はその手法は通用しなくなりつつあります。とすると、勝負の分かれ目になるのが「記事の書き方」、つまり精読される記事にできるかどうかです。

精読率が高いということは、読者にとって価値があると認められたことの証であり、SEOへの効果が期待できます。さらには、精読後の集客・セールスへとつなげる役割も果たしますので、記事の書き方には注意が必要です。

では、具体的にどのような点に気をつければ精読される記事が書けるのか、記事の書き方や構成のポイントについて、この後詳しく解説していきます。

読まれないのは、構成に問題あり！ 読まれる記事構成のテンプレート

先にもお伝えしたように、記事の書き方ひとつで精読率を上げ、価値があると感じてもらえるようにすることができます。

さまざまな手法がありますが、言わんとしていることはすべて共通しています。

まずは**図5⑥**をご覧ください。「読まれる記事の構成」です。

タイトルから入り、冒頭で読み進めるか判断し、見出しで概要が確認でき、最後に記事がまとめられている、という流れになります。

そして、この（A）～（E）の記号が、私が推奨する作業の順番です。驚かれるかもしれませんが、実は**記事の中身は最後の最後に書きます。**

なぜこの順番かというと、**記事の中身から書き始めてしまうと、話が途中でブレてしまい本当は伝えるはずだったテーマがまとまらなくなってしまう**からです。

- 全体を読んでみて、何を言いたいブログなのかがわからない
- パッと見ただけで記事の概要がわからない
- 結局何をすれば解決できるのかがよくわからない

という「意味不明ブログ」。これらはすべて、記事の組み立て方に問題があります。

裏を返せば、そこさえクリアできれば驚くほど価値のある記事にすることができるわけです。

では、具体的に〈読まれる記事の構成〉①～⑤についてそれぞれ順を追って解説します。私が実際に使っているテンプレートも用意してあるので、あわせてご活用ください。

図5⑥　読まれる記事の構成

- (A) タイトル
- (B) 冒頭（リード部分 / ゴール）
- (D) 見出し
- (E) 見出しの中身（文章 / 画像）
- (D) 見出し
- (E) 見出しの中身（文章 / 画像）
- (C) まとめ（ゴール）
- CTA
- 筆者情報

(A)～(E)がお勧めする記事の構成と作る順番です。この手順に従えば骨組みから作れるので、空き時間に少しずつ記事を書く方でも「どこに何を書こうか…」と迷わなくなります。

読まれる記事の構成要素

① 記事のテーマは何か？ キーワードと仮タイトルを決める

まずは、「何をテーマに書くのか？」からスタートします。

『自分が書きたいこと・伝えたいこと（テーマ）・記事のゴール（落ち）』を最初の段階で決めておかないと、「アレもコレも」とブレが生じ、まとまらない記事になってしまいます。ですので、必ずこれは最初に取り組んでください。

ザックリで構わないので自分が記事にしたいことを、**図5⑦**や次のポイントを参考に要約しましょう。

- □ 書きたいこと・伝えたいことのリストアップ
- □ 記事を読むと読者はどうなるのか（ゴールを設定する）
- □ 記事を要約するキーワードは何になるか候補のリストアップする
- □ 特に書きたいことを要約するキーワードを2～3個に絞り込み、仮タイトルを作る失敗例として、「記事の中身とタイトルがかみ合っていない」ブログ記事を多く見かけます。例えば、見込み客に読まれる記事の書き方を解説している記事なのに、「ブログは楽しい」とタイトルをつけてしまっている等です。あるいは、「今日思ったこと」「あなたに伝えたい私の思い」などといった具合に「これは誰も読む気にならないだろう」というタイトルをつけているケースも多く散見されます。

タイトルは、「読者が知りたい情報がここにあることを伝えるメッセージである」ということを念頭に決定してください。これは、検索という観点からも理に叶ったことです。

検索者は自分の悩みの解決方法や知りたいことについて、ネット上で回答やヒントを探しています。まずは「検索者が求めている情報があるということを、キーワードを含めたタイトル（仮でOKです）で伝えられているか？」を意識してください。

なぜ「仮タイトル」で良いのかというと、実は、**読まれない記事は筆者の思い込みで書かれていて、ターゲットの求めている情報とズレてしまっているケースがよくある**からです。

そこで、仮でつけたタイトルの裏付けをとるために、次のステップに進みます。

図5⑦　読まれる記事タイトルの作り方

この記事で書きたいことは何か？

書きたいこと・伝えたいこと

1）書きたいこと・伝えたいこと
2）書きたいこと・伝えたいこと
3）書きたいこと・伝えたいこと
4）書きたいこと・伝えたいこと

つまり、この記事を読むと読者はどうなるのか？

この記事を読むことで・・・『○○』になる！

この記事のキーワードの候補は何か？
2〜3こ

キーワード1　/　キーワード2　/　キーワード3

キーワード候補を盛り込んだ記事のタイトルは何か？

この記事のタイトルは『○○』である！

このように、まずは記事にする内容について仮でタイトルを作ることで、「こんな内容の記事ができる！」とイメージが具体化しやすくなります。

タイトルは最終的に調整しますので、この時点では仮で思いつく候補をリストアップしてみるといいですよ。

読まれる記事の構成要素

② ターゲットはどんな人なのか具体化し絞り込む

次に、あなたが記事にしようとしているテーマは、一体どんなことで悩んでいる方をターゲットにしているのかを考察します。

ブログ記事は、ターゲットが絞り込めないと読まれません。ターゲット設定が曖昧だと、せっかくあなたのブログを読者が訪れても、実際いくつかの記事を読んだところで、「このブログは何を伝えたいのかよくわからないし、自分には役立たないかも…」と離れていってしまいかねません。

そこで、あなたがブログで想定しているターゲットが知りたい情報、あるいは悩みはどんなことなのかをひと通りリストアップします。

リストアップができたら、次に「ターゲットはどうなりたくて悩んでいるのか」「ハッピーになるためにはどのような解決策があるのか」を予測し、仮で構わないので書き出してみましょう！

悩みの数は、具体的に絞り込みます。必要以上に悩みを拾うと話が広がりすぎてしまいかねません。

「この記事は○○で悩んで△△になりたい人向けです」と言い切れるくらいに絞ってください。

ちなみに、私は**図5⑧**のフォーマットを使ってリストアップしています。

読まれる記事の構成要素

③ あなたの記事がターゲットに刺さるよう、裏付けリサーチを行おう

次に、①で考えたあなたが書きたいテーマは②で考えたターゲットの悩みを解決できるのかを考え、紐づけます。

たとえあなたの記事が濃い内容だったとしても、ターゲットがズレてしまえば共鳴させることはできません。『あなたの記事＝読者の悩み解決』なのかどうかをマッチさせます。

まずは、**図5⑨**のフォーマットを参考に、①で決めた記事のテーマと、②で考えたターゲットの

図5⑧　ターゲットを絞り込もう

対象とするターゲットの悩みは何？

悩み１：

悩み２：

悩み３：

この中で特に解決したいことは何？

この先、ターゲットが叶えたいことは何？

つまり、ターゲットはどうなりたいのか？

ターゲットは『ＸＸ』を解決し『△△』になりたいと思っているはず！

記事のターゲットはとにかく絞り込んでください。精読率が上がることはもちろん、その後のサービス訴求時に反応率が高まります。

加えて、絞り込むことで書くテーマが明確になるので、記事が書きやすくなりますよ！

悩みをリストアップします。

ちなみに、こちらは私も普段使用しているフォーマットです。

このように、**「あなたが記事を通して提供できることが、果たしてターゲットが悩みを解決するために欲している情報になるのか？」を図で比較して整理します。**

そして、あなたの記事のゴールがターゲットのゴールと一致すれば、ターゲットに刺さる「読まれる記事」になるわけです。

もし、ここで矛盾が生じてしまった場合は

- ターゲットを再度選定し直す
- あなたがターゲットに寄ったテーマにする

以上のどちらかを行い、合致するようにしてください。

慣れてしまえば、ここまでの流れはすぐにできるようになります。

図5⑨　記事のテーマとターゲットを紐付けよう

記事のメインテーマ

あなたが提供できることは何か？	ターゲットの悩みは何か？
書こうと思っていたこと１	ターゲットの悩み１
書こうと思っていたこと２	ターゲットの悩み２
書こうと思っていたこと３	ターゲットの悩み３

結論、何がゴールか？

あなたの記事を読めば『○○○』になる！

ターゲットは『△△△』になりたいと思っているはず！

このテーマの記事を要約するキーワードはコレだと思う！

キーワード１　/　キーワード２　/　キーワード３

ステップ３であなたの書きたいことと、想定している読者の悩み（ニーズ）がマッチしているかどうかをチェックしましょう！

書きたいことだけが独り歩きしないように、誰に届ける記事なのかを意識してください。

次に、**改めて記事を要約するキーワード候補を、①のワークでリストアップしたものをもとに選定し直します。**

キーワードの候補はこの時点でも予測で構いません。

ここまでできたら、次にリサーチを行います。

このステップでリストアップしたキーワード候補で実際に検索をしてみましょう。

リサーチで行うことは次の通りです。

1）最低でもＴＯＰ10の記事を読み、検索者の意図（そのキーワードを通して検索者が知りたいことは何なのか）を汲み取ります。

具体的には、「あなたが意図しているキーワードで検索をしてくる読者は果たしてあなたのターゲットとなるのか？」ということの裏付けを取ります。

検索結果で掲載されている記事のメインテーマがあなたの書こうと思っている記事内容と異なる、あるいはずれている場合、そのキーワードは適切ではないということになります。その場合は、別のキーワードの組み合わせで検索を行い、合致するまで繰り返します。

2）キーワードとターゲットの組み合わせが合致したら、最低でもＴＯＰ10を精読し、共通する内容は何なのか、その共通事項は自分の記事で取り扱うべき内容か否かを精査します。

ここでの考え方は、「検索上位に表示されている記事に共通することは、ターゲットが求めている答え・情報である場合が多い」ということです。

つまり、**検索上位に掲載されたいなら、すでに上位表示されている内容を押さえた上で、さらに質を高める必要がある**というわけです。

補足として、「検索上位に表示されている記事に共通することは、ターゲットが求めている答え・情報である場合が多い」とあえて書いたのは、必ずしもそうとは限らないケースもあるからです。少しわかりにくいかもしれませんが、あくまで検索エンジンに評価されている情報がベースであるということは理解してください。

ここで情報が不足してしまうと、検索エンジンに「検索者にとって情報が不足している」という判断を下されてしまいます。

ただし、明らかにガセであったり情報として古いものは除外してください。

また、〈チャプター4〉のリサーチも行い、記事についてさらに詳しく加えられることをプラスしましょう。

私は**図5⑩**のフォーマットを使い、リストアップしています。リストは、数が多ければもっと増やしてもOKです。

読まれる記事の構成要素

④ 記事冒頭でターゲットに向けた2要素をもれなく書こう

次に、記事の冒頭の文章を作ります。

読者は、タイトルをみて「お、この記事は自分が探していた情報だ!」と思い記事にアクセスをしてくれます。

図5⑩　記事に盛り込むコンテンツを整理しよう

全記事に共通する事項
・
・
・

全部ではないが、複数の記事で共通する事項
・
・
・

リサーチ結果から加えられる事項
・
・
・

あなたが専門家の立場として書ける事項（検証・体験談等）
・
・
・

これらの要素をそろえることで、類似した網羅記事ではなく、あなただからこそ書けるオリジナルの記事となるのです。

記事にアクセスをした後に、まず彼らが読むのはズバリ『冒頭の文章』です。

なぜなら、「この記事は本当に自分の探していた情報なのか？」「どこにその情報があるのか？」を確認してから読み進めるかどうかを判断するからです。

冒頭で、この先でお伝えする要素がわかりにくかったり、もしくは足りなかったりすると、即離脱されてしまいます。

あなたも経験があると思いますが「結論は何なの？　よくわからないなぁ……」と思ったらすぐにページを閉じてしまいますよね。

ですので、冒頭の文章で「この記事はまさにあなたが欲している記事ですよ！」ということが伝わる文章にしましょう。

盛り込む要素は、次の2つです。

> 1）改めてターゲットの悩みや欲している情報を提示する
> 2）この記事を読むことで①（▼P192）が解決できる旨を伝える

③（▼P196）のステップでリサーチをした際に「この伝え方はわかりやすいな」というもの

があれば、構成に取り入れるのも手ですね！

また、冒頭文章の書き方ですが、大きく分けて2パターンあります。

1）サクッと結論を先に示してすぐに本題に入る記事パターン
2）前説明を入れてから本題につなげる記事パターン

1）は主として**ノウハウや「今すぐ結論を知りたい」という方向けのキーワードと記事の場合**に活用します。

例えば、「Googleアナリティクスの設定方法を知りたい！」という方向けに、Aという問い（検索）に対してBという回答が明確に決まっていて、なおかつそのトピックにしか興味がない場合などです。

対して2）は**「じっくりと読みたい」という方向けのキーワードと記事の場合**に活用します。

一例として、「集客のためにブログを始めようと検討しているが、メリットとデメリットをしっかり把握してから判断したい」といったケースが該当します。

検索上位に掲載されるには情報の網羅性は確かに大切です。とはいえ、そもそもキーワードごとに緊急度が異なりますので、必ずしも長文になれば検索性が高まるわけではありません。

これは記事の冒頭文についても同様です。**そもそも、今すぐ知りたい・解決したいという方に対して、前置きは必要ない**のです。

例えば、「○○駅のトイレはどこ？　駅に到着したらすぐに行きたい！」という方にとっては、その駅の歴史やお店情報はどうでもよくて、端的に場所だけを教えればいいわけですよね。このように、**検索者の緊急度、その後のアクションをセットで考えて構成する**と、検索者に伝わりやすい記事としてアクセスも集まるようになります（**▼図5⑪**参照）。

図5⑪　冒頭のリード文の構成

ここがディスクリプション代わりになります。

【記事の概要】
・誰に宛てているのか？
・精読すると何を得られるのか？

↓

【簡単なあいさつ文】
「こうしたご相談は当院でもよく受けます」等の事例も

↓

【この記事の対象者】
ボックスやリストタグで対象者を改めて整理する

読者は、冒頭の文章で読み進めるかどうかを判断します。

また、冒頭部分は検索結果で表示されるディスクリプションとして引用されるケースが多い箇所です。特に、最初の120文字は記事の概要を凝縮して伝えるようにしてください。

読まれる記事の構成要素

⑤ 記事のまとめを作ろう

次に、記事のまとめを作ります。

記事が上手くまとまらなかったりブレてしまうのは、「記事が何をもって終わるのか？」となるまとめ部分が決まっていないことが原因にあります。

スタートとなる冒頭文章とゴールとなるまとめが決まっていれば、最後になぜか全然違う話になってしまう…というミスマッチの防止につながります。

また、冒頭部分とまとめ部分の整合性を持たせることで、記事の中身が散ってしまうのを防ぐことができます。

まとめでは、改めて記事の要約・押さえるべきポイントをリストアップするなどしても読者に喜ばれます。

読まれる記事の構成要素

⑥ 記事の要点を見出しにしよう

次に、記事の見出しを作ります。見出しは記事で取り扱う内容を要点としてリストアップしたものを順番に並べます。

ただし、**要点はただ並べれば良いというものではありません。読者が知りたい順に並べてください。**

そのために、リサーチをする段階で、おおよそ読者が何をどういった順番で知りたいと思っているのか、きちんと把握しておくようにしましょう。

図5⑫のフォーマットを利用すると、整理しやすいです。

読者は初見で流し読みをすることが非常に多いため、このメインとなり目立つ要素がぱっと見てわかれば「お、ここ気になるぞ！」と精読をしてくれるようになります。

WordPressの場合は、**自動で見出しを目次化してくれる便利なプラグイン**があります。

図5⑫　記事の要点を見出し化する

記事のテーマとゴールは何だ？

この記事は『○○というテーマで悩んでいるターゲットが△△できる』ことがゴールだ！

ゴールに導くための要点を順番にするとこうなる！

要点（見出し）1：

要点（見出し）2：

要点（見出し）3：

要点（見出し）4：

〈結論〉

この手順を踏むことで、ターゲットのニーズは満たせる！
もしくはこの順番で情報を得られれば、ターゲットのニーズは満たせる！

タイトル

冒頭（リード文）

見出し

見出しの中身（文章/画像）

見出し

見出しの中身（文章/画像）

見出し

見出しの中身（文章/画像）

③まとめ（ゴール）

最終的に左の色付けしたところだけで
1）そのキーワードで求めている情報があるのか
2）精読することで悩みや問題は解決するのか
この２点が読者にわかるようにしましょう！
最初、読者はここしか見ません！

そのプラグインを使えば、冒頭部分で記事構成がひと目でわかるので、記事の概要を伝えやすくなります。加えて、気になる見出しから読み進めてもらえるようになるので、長い記事にはうってつけです。

詳細はＵＰブログ「ＷｏｒｄＰｒｅｓｓで目次を自動生成するプラグインＴａｂｌｅ ｏｆ Ｃｏｎｔｅｎｔｓ Ｐｌｕｓの使い方」をご参照ください。

[記事ＵＲＬ] https://infinityakira-wp.com/table-of-contents-plus/

読まれる記事の構成要素

⑦ 記事の中身は〈４つのポイント〉を押さえて肉付けを！

ここまでできれば、**タイトル⇓冒頭部分⇓見出し⇓まとめ**の流れがひと通り完成しますので、記事がブレることはなくなります。

一貫性があり、かなり読み進めやすい記事構成が構築できているはずです。

しかし、記事の中身はただ書けば良いわけではありません。なぜなら、しっかりとポイントを押さえないと、ここでもまた精読されない、離脱されてしまう原因を作ってしまうからです。

そこで、読まれる記事にするための4つの肉付けポイントについてお話しします。

ポイント1　言葉は可能な限り噛み砕く

専門用語は極力避けましょう。どうしても使わなくてはいけない場合は注釈を入れます。常に訪問者は悩みや問題を解決したくて調べているのだということを忘れないでください。途中で「この記事はわかりにくい」、もしくは「この意味は何だろう？」となると、他のサイトへ離脱してしまい、再びと戻って来ることはないかもしれません。

例えば、「ブログで集客ができるようになりたいけどどうやったらいいのだろう？」と検索している方に対し、SEO対策がとかディスクリプションがと言ったところで、何を言っているのかがわからないですよね。こうした場合は「ブログで集客をするためには、検索エンジンからアクセスが集まるようにすることが有効で、そのためにはSEO対策と呼ばれる検索エンジンであなたのブログが検索結果に表示される必要があります」といった具合に1つひとつ噛み砕いて説明すると、理解してもらいやすくなります。

ポイント2　重要な部分は目立たせる

文字の強調やマーカーの活用をして、視覚的に「あ、ここ大切なんだな」と認識させます。

あわせて、適度な行間を入れて読みやすくなるよう工夫しましょう。他のブログやニュースサイトを見て「この行間読みやすいな」と思ったものがあれば、積極的に取り入れるといいですね。

ポイント3　画像でイメージを喚起する

ポイント2と同じく、よりわかりやすくすることが狙いです。

特に、解説系はマストです。例えば、テキスト記事を読んだけれどもよくわからなくてあなたのサイトを訪れた人に、同様にテキストベースで記事を見せても「やっぱりよくわからない」となってしまいます。そうならないよう、**画像や図表を使ってできるだけイメージしやすくする**ということです。

画像は文字ばかりになりがちな記事の中のブレイクポイントにもなります。特に**ブログの場合はニュースサイトと異なり、「視覚的にもわかりやすく伝える」ことが読者に受け入れられやすい**傾向があります。

ポイント4　裏付けデータを活用する

今の時代、フェイクニュースも多く存在するため、読者は「これって本当なのかな？」と疑う傾向があります。この情報を信じていいという根拠がないと、精読してもらえませんし、集客にもつながりにくくなってしまいます。

そうならないよう、「この情報は裏の取れている確かな情報ですよ」ということをリンク先情報とともに伝え、信頼して読み進めてもらうようにしましょう。

引用の際は、引用した記事を単なる引用ではなく、大元の一次データにしてください。

また、**可能な限り許可は取り付けておきましょう。**「無断で使われた！」とトラブルにならないよう、許諾を得ておいたほうが無難です。

読まれる記事の構成要素

⑧ 全体を読み直して違和感がないか、統一感を出す

肉付けがひと通りできたら、タイトルから通しで読んでみましょう。

チェックするポイントは

□ 冒頭で検索者が求めている情報がその記事にあることを端的に述べているか？

□ 精読することで読者がどうなるのかを明記してあるのか？
□ 話が脱線していないか？
□ 冒頭からまとめまでを読み、『読者の悩み』が解決できているのか？
□ 文章の構成は読みにくくないか？
□ 文字装飾や画像を使ってもっとわかりやすくできないか？

以上6点です。

これらをチェックして気づいたところは修正します。

この時にタイトルや冒頭文章、見出しやまとめも必要と思われれば修正します。いいですか！　あなたの記事の情報を必要とする読者目線（しかも予備知識ゼロ前提）でチェックすることを忘れないでくださいね。

読まれる記事の構成要素

⑨ 必要に応じ画像の追加・文字強調・内部リンク等を調整する

最後に改めて読み返し「読みにくくないか？」「わかりやすいか？」をチェックします。

チェックにあたっては、パソコンとスマホ両方で読み返すようにしましょう。

なぜなら、それぞれサイズもデザインも異なるため、パソコンでは問題なく表示されていても、スマホでは崩れてしまう場合があるからです。

ここまでできたら公開！と行きたいところですが、私は**ひと晩置いて翌日に改めて読み直してみる**ことをお勧めします。

なぜなら、記事を書いているあなたは何度も読み直しているので、だんだんと違和感が薄れてしまっているからです。たとえ誤字脱字があっても、脳内で勝手に間違いを正解としてインプットした状態で理解してしまうことが本当によくあるのです。ですので、間を置いて冷静になる機会を設けることは必要です。

正直「ここまでやるのか……」と思われたかもしれません。

厳しい話ですが、楽してどうにかしようとした記事に読者は時間を割いてくれません。逆の立場だったら、絶対に読まないですよね。

ただし、です。

あなたがしっかりと作り込んだ記事は、継続してアクセスを集めてくれる記事になります。実際私のブログでも、2年以上前に公開した記事から未だにお問い合わせをいただきます。**読者の顔を思い浮かべながら、心を込めて記事を仕上げることが、後々あなたのブログの運命を左右することにつながる**のです!

なお、記事は公開したら終わりではなく、その後のメンテナンスも必要です。なぜなら情報が古くなったり、後から追記できる情報が増えてくるからです。詳細は〈チャプター6〉でお話しします。

キーワードに見られる2つの傾向と反応しやすい記事の書き方

ここまでが代表的な記事の書き方ですが、本チャプターの締め括りとして、キーワードのタイプとそれにあった記事の書き方について解説します。

キーワードには、大きく分けて「ニーズ型」と「ウォンツ型」の2タイプがあります（**▼図5⑬**参照）。

ニーズ型は、問いに対して明確な答えが存在するキーワードです。このタイプのキーワードは答えが決まっているので、端的に答えに誘導する記事との組み合わせに抜群の相性を発揮します。

集客につなげる場合は、

> 問い⇓答え⇓もしかして○○をしたくてこのことを調べていませんか?

と訴求すると、より強力につながりやすくなります。

図5⑬　キーワードに見られる２つの傾向

ニーズ型：答えが決まっている
SEOに強い記事の書き方を知りたい！
○○駅近のみそラーメン屋がどこにあるのかが知りたい！
○○の最安値を知りたい！
ウォンツ型：答えが複数ある
沢山の人にブログを読んでほしい！
今度の日曜日、友達と盛り上がれるお店が知りたい！
スマホの写真プリントってどうすればできるの？

対して**ウォンツ型は、問いに対して答えが複数存在するキーワード**です。このタイプのキーワードの場合は、まとめ記事のように複数の回答例がある記事が好まれる傾向にあります。

集客につなげる場合は、

問い⇓複数の答え⇓その中でも特に〇〇で困っているならこの方法がお勧めです

と提案をするとつながりやすくなります。

ワンポイントアドバイス

キーワードはあくまで見込み客が「欲しい答え」を探すために使用する言葉であり、あなたがそのキーワードでインデックスされるように申請するものではありません。
また、キーワードと対になる答えが必ず存在しますので、それが何なのかを把握し、適切に答えるようにしてください。

Column 5 改めて意識しよう！ ビジネスでは第三者に役立つことを意識する

ビジネスは第三者に役立ってこそ存在意義があります。個人でスタートする時には自分の自由な時間、自分の自由なお金、自分の自由な精神状態、自分のメリットなど、頭の中には自分事が巡るかもしれません。ですが、当然お客さんに直接関係がないことで、支持されることもありません。たとえ自分都合で取り組んだビジネスでも、仲間への貢献につなげて、お客さんに価値を提供するという１本線にしましょう！

お客さんの役に立つことは誰しも考えますが、同業やコミュニティを通じて出会った仲間にも役立つという視点がビジネスを左右する要因であるとも感じています。例えば、同じ作業量やスキルでも単価が10万円のクリエイターもいれば、５００万円のクリエイターもいます（役員で僕が参画している会社の実話）。この違いが何なのかと言えば、スキルや経験以外の「人の魅力」に起因しているケースが多々あります。

あなたが商品やサービスをリリースする時の人的レバレッジは数値化できないほど大きなものになります。デジタル化が進めば進むほど、人と向き合うというアナログ要素が強固なビジネス基盤となりますから、目に見えない信用信頼を積み重ねていきましょう。

さりげないあなたの行為が、知らず識らずのうちに相手の心を掴んでいるかもしれません！

Check List

Chapter 5の振り返り

□ ＳＥＯ対策で漏れているチェックポイントはありませんか？

□ キーワードで求められていることを把握し、記事内は以下のようになっていますか？

□ １）タイトルでそれがわかりますか？

□ ２）記事の冒頭で伝わりますか？

□ ３）流し読みされても見出しで記事の概要が伝わりますか？

□ ４）読み終えると、そのキーワードで検索するユーザーの求めていたものは満たせますか？

□ 難しい言葉を使っていませんか？　わかりやすく解説していますか？

□ 画像や動画を使い、イメージが伝わりやすくなっていますか？

□ キーワードは以下の５カ所に適切に使っていますか？

□ １）タイトル

□ ２）冒頭文章

□ ３）ディスクリプション

□ ４）見出し

□ ５）本文内

□ キーワードのタイプに合わせて記事の内容を決めていますか？

あなたのブログの穴が埋まったら、Chapter 6に進みましょう！

Chapter 6

もうブログ集客で困らない！

半永続的に見込み客を呼び込む
究極の「自動集客マシーン」構築メソッド

さて、いよいよ最後になりました。このチャプターでは、ここまでの流れで構築してきたブログの集客を中・長期的に仕組み化する手順をお話しします。

繰り返しますが、多くのブログ運営者はブログの記事も含め、作ったら終わりだと勘違いをしています。が、決してそうではありません。むしろ作って公開してからが本番です。

なぜ作って終わりではないのか？　それは大抵の場合、初回では成果が思うように出ないからです。また、仮に成果が出たとしても次にどうつながるのかをきちんと把握していないと、漠然と記事を更新する苦行のような状態に陥ってしまうのです。

あなたがブログに望む成果……それはおそらく、中・長期にわたり見込み客を集客し続けてくれる「仕組み化」ではないかと思います。実際、ブログはコツを掴んで運営できれば、アクセスを集めて自動的に集客ができる超強力なビジネスツールになります。

では、一体何をどうすればその「仕組み化」が構築できるのか？　これからじっくりとお話ししていきます。

「最強の集客ブログ」を手に入れるために必要不可欠な2つのポイントはこれだ！

さて、単刀直入にお話しします。ブログを仕組み化するために必要不可欠なポイントを集約すると、ズバリ以下の2点になります。

> ❶ 集客導線の確立及び強化
> ❷ アクセスアップで露出を増やしドメインを育てる

ブログ集客を仕組み化するためには、**あなたのブログ上で見込み客を集客してくれる導線がどこにあるのかを把握し、そこを強化する**ことこそが必要です。

そして、これらを確立するためには

> ● 解析を通して、最適化させる仕組み化ポイントを見極める
> ● ブログ記事の検索順位を上げるリライトを実施する

このような細かなワークを実施することが不可欠となります（▼図6①参照）。

さて、この方法を解説する前に、ここで集客ブログに欠かすことができない「**KPI**」についてお話しします。

何度もお伝えしているように、ブログは立ち上げるだけでは売上は上がりませんし、一心にアクセスを集めれば売上に直結するというものでもありません。

例えば、

- 毎月10万PVあっても売上が0円のブログ
- 毎月1万PVだが、売上が毎月10万円のブログ

この2つを比べた場合、明らかに後者の方がビジネス用のブログとして成立しているということは一目瞭然ですよね。

数値上では、後者のブログはアクセスが10万になれば単純に10倍して100万円の売上も見込めます。つまり、**ビジネス用ブログの構築において「PVは特に着目すべきポイントではない」**という真実をまず念頭においていただければと思います。

図6①　ブログ集客を仕組み化する２つのポイント

集客導線の確立と強化

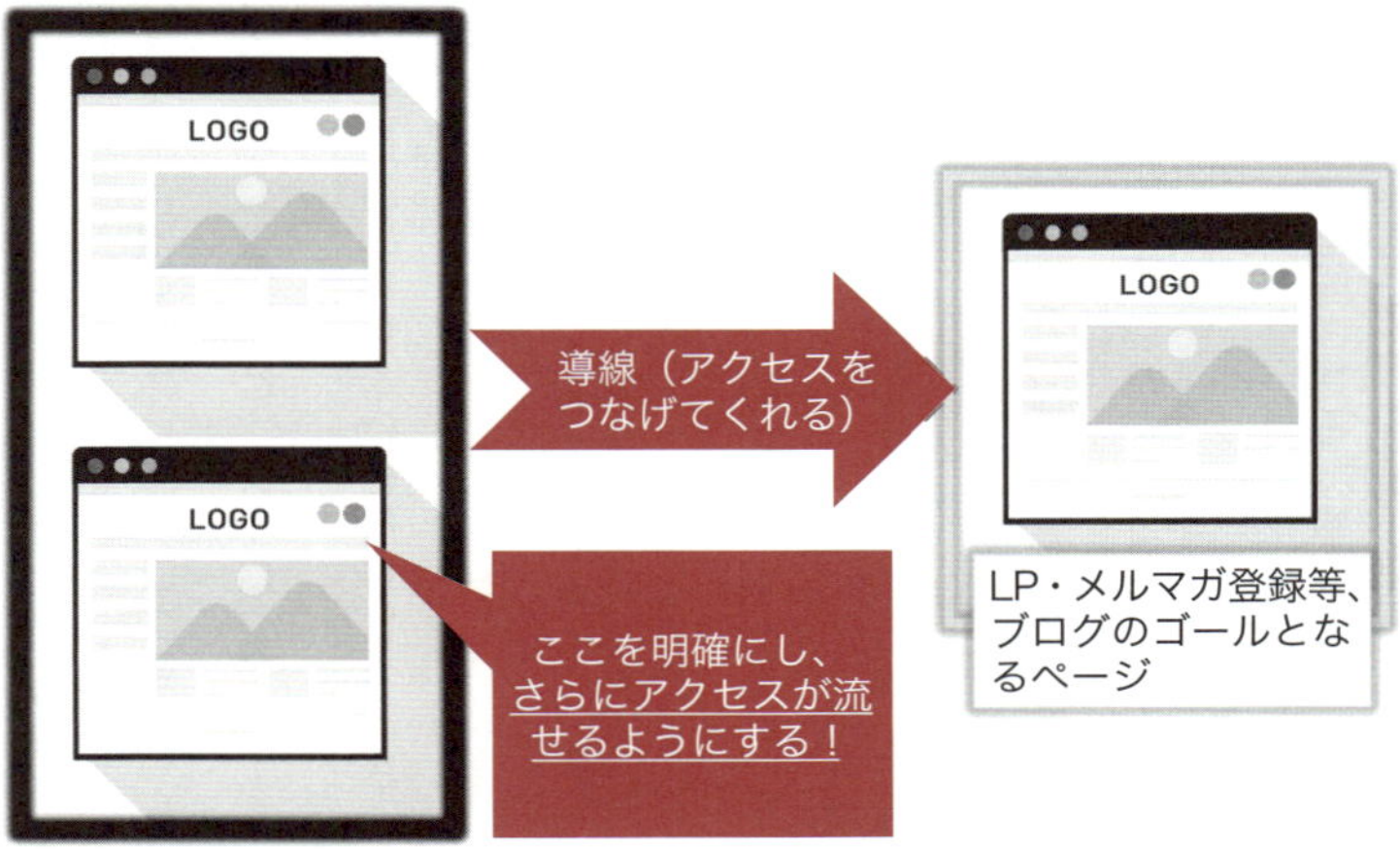

アクセスアップで、露出を増やしブログのドメインを育てる

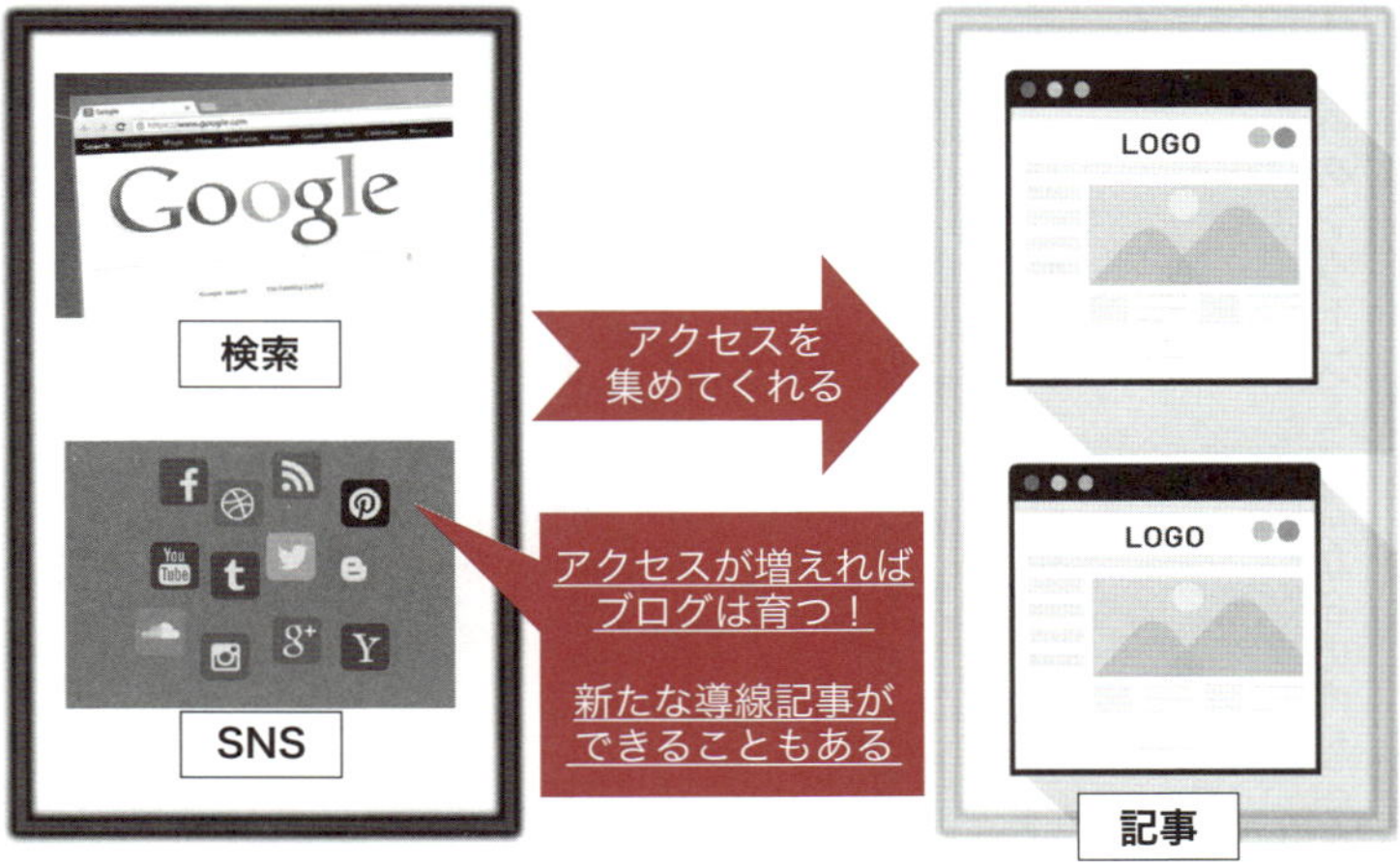

さて、ＰＶが着目ポイントでないのであれば、何が原因で売上に大きな差が出るのでしょう？
ここで非常に重要な意味を持つのが、「ＫＰＩ」なのです。

- 「ビジネス用（稼ぐため）のブログを作ったけれど、全然売上が上がらない」
- 「ビジネス用（稼ぐため）のブログで売上を伸ばしたい」

という方は、ぜひこのＫＰＩに着目してください。

ＫＰＩ（Key Performance Indicator）とは、「企業目標の達成度を評価するための主要業績評価指」、ごく簡単に言うと「**ゴール**へ到達するための具体的な小目標」のことです。例えば、お問い合わせのページに毎日10回アクセスしてもらうといったこともＫＰＩになります。

多くのブログでは、紹介している特定の商品を買ってもらうことや、お問い合わせやコンサルティングサービスにお申込みいただくことをゴールに据えています。

これらのゴールを達成させるためには、**「ゴールとなるページへのアクセスとそこからの商品ページのアクセス数や成約率」を知った上で設定する**必要があります。この、目標となる具体的な数値とそれを達成するための計画を立てることを「KPIを設定する」と言います。

ちなみに、ここでいうゴール自体は**KGI（Key Goal Indicator）**と呼ばれています（**▼図6②**参照）。

ブログで多くの方が挫折してしまうのは、頑張って更新してアクセス数が増えても1円も売上が立たない、もしくは集客につながらないことにあります。よくネットビジネスで月5000円稼げない人は全体の95%を占めるという話を耳にしますが、その最たる理由は、**KPIに着目せずに漫然とブログ運営を続けている**ことにあります。

実は私自身、ブログを立ち上げた当初、サイドバーに商品リンクを設置すれば勝手に売れる

図6② KPIとKGIを設定して可視化する

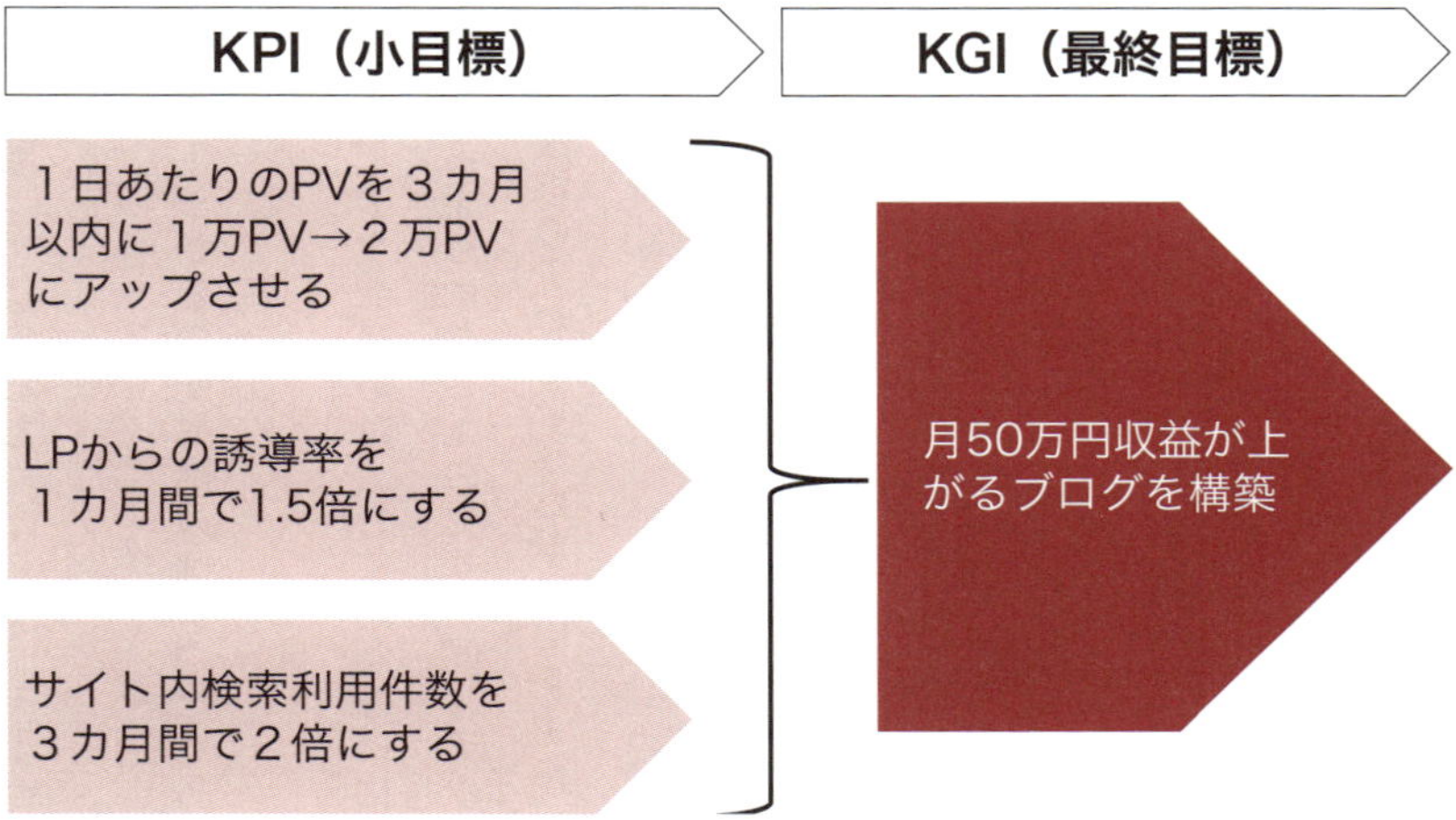
KPI（小目標）
KGI（最終目標）
1日あたりのPVを3カ月以内に1万PV→2万PVにアップさせる
LPからの誘導率を1カ月間で1.5倍にする
サイト内検索利用件数を3カ月間で2倍にする
月50万円収益が上がるブログを構築

と思い込んでいました。いや、正しくはそうあってほしいと切に願っていました。そして、アクセスアップにひたすら励んだ時期があります。

しかし、結果として月に1万以上のアクセスがあってもそのページからの商品購入はまったくありませんでした。

ところが、このKPIを明確にしてブログを再構築したところ、アクセス数は大して差がないにもかかわらず、ブログ経由の売上が多い月では100万円を超えるようになったのです。同じアクセス数で集客力・売上でここまでの差が出るのであれば、KPIを取り入れない手はないですよね。

ということで、あなたもしっかりと目標（KPI）を決めてくださいね。

では、ここからがいよいよ本題です。

あなたが決めたブログの目標に対し、

- どのようにすれば集客につながるのか？
- どのようにすれば集客の導線を把握し、強化できるのか？
- どのようにすれば「仕組み化」に導けるのか？

これらについて、重要なポイントをお話ししていきます。

ブログ集客の「仕組み化」に不可欠な３つの解析ポイント

〈チャプター１〉でお伝えしたように、ブログを仕組み化するためには、ＰＤＣＡを回す必要があります（▼**図６③**参照）。

- Ｐｌａｎ（計画）
- Ｄｏ（実行）
- Ｃｈｅｃｋ（振り返りと解析）
- Ａｃｔｉｏｎ（改善点の洗い出し）

本書の冒頭からここまでは、その中のＰｌａｎ、Ｄｏに相当します。ここからは、２周目のＰＤＣＡを回すために、何をＣｈｅｃｋ（振り返りと解析）し、Ａｃｔｉｏｎ（改善点の洗い出し）するのか、順番に解説していきます。

図6③　ブログにおけるPDCAの流れ

P

〈P〉まずは仮でゴールを決める
・コンセプト（あなたがブログで出したい成果の方向性）
・ターゲット（見込み客になり得る読者は誰？）

D

〈D〉決めたコンセプトに沿い、記事を書く
・メインとなるのは、お悩み解決系/ ノウハウ系
・販売したい商品・サービスを仮で打ち出す

C

〈C〉ここまでの活動結果を『解析』を通し回収する
・解析ツールの活用

A

〈A〉『解析』結果から以下を選定し記事のリライト・新規作成案を決める
・ゴールにつながる記事
・スタートとなるアクセスが増やせる記事
加えて、コンテンツの整理、コンセプト・ターゲットの見直しを行う

ここからは〈C〉と〈A〉を行い、２周目へとつなげていきます。
実は、ブログで成果が大きく出始めるのは２周目以降なんですよ！

まず、**Check（振り返りと解析）は、目安として記事を集中して書けるようになってから3カ月後に実施する**ことをお勧めします。

なぜなら、期間が短すぎると十分なデータが揃わず、逆に長すぎると漫然とブログを更新してしまい、成果につながらないワークをしてしまう可能性が高まるからです。

ここまでのお話は、この図のPとDに相当するものです。

ブログで記事にしてきたものが

- 実際に集客につながったのか？
- もしくは目的としたページへ読者を誘導してくれているか？
- 一体どの記事がその役割を果たしたのか？

これらのポイントをひと通りCheckして、次のPDCAに向けたActionプランを立てた上で、2周目のPDCAを回すようにしましょう。

この一連の流れを理解し、ブログの集客導線がしっかりと把握できれば、あなたのブログ内における集客につながる記事やキーワード、カテゴリーに注力できるようになるので、やみくもに記事を更新することはなくなります。

では、ここからはブログ集客を「仕組み化」する3つのチェックポイントについてお話ししていきます。チェックを行うにあたっては、解析ツールを活用します。

ブログ集客「仕組み化」の3つのポイント

❶ コンバージョン測定結果から、集客導線を把握する
❷ アクセスアップが見込める記事の洗い出し（アクセスアップ対策）
❸ ブログ内の回遊率向上対策

以上3つのポイントについて、この後1つひとつ解説していきます。

ブログ集客「仕組み化」の3つのポイント

① コンバージョン測定とメインコンテンツへの誘導率の向上

まずは、あなたのブログで集客をするために、読者が到達してほしいページへ誘導してくれるペー

ジ・記事があるのか、あればそれがどの記事なのかをチェックします（▼**図6④**参照）。

ブログは長く運営していると記事やカテゴリー数が増えていきますが、全ページが集客につながっているわけではありません。前項でもお話ししたように、やみくもに記事を増やしたり、集客につながらない記事作成にエネルギーと時間を割くのは非常に非効率です。

例えば、お問い合わせページに最も誘導してくれる記事が何なのかがわかれば、その記事をもっと読まれるようしてお問い合わせを増やすことが可能になります。

もし一切アクセスがなければ、実は訪問者が気づきにくい場所に設置していたり、誘導する記事自体が不足している可能性があるので、〈チャプター3〉に立ち戻り、何が足かせとなっているのか必ずチェックしてください。

コンバージョンの測定には、**Googleアナリティクス**を使います。初めて利用する場合は、こちらの記事で具体的に解説しています。

■「超絶解説」ブログ集客のコツ・キモとなるコンバージョン設定方法まとめ
[記事URL] https://infinityakira-wp.com/blog-conversion-matome/

図6④　コンバージョン測定について

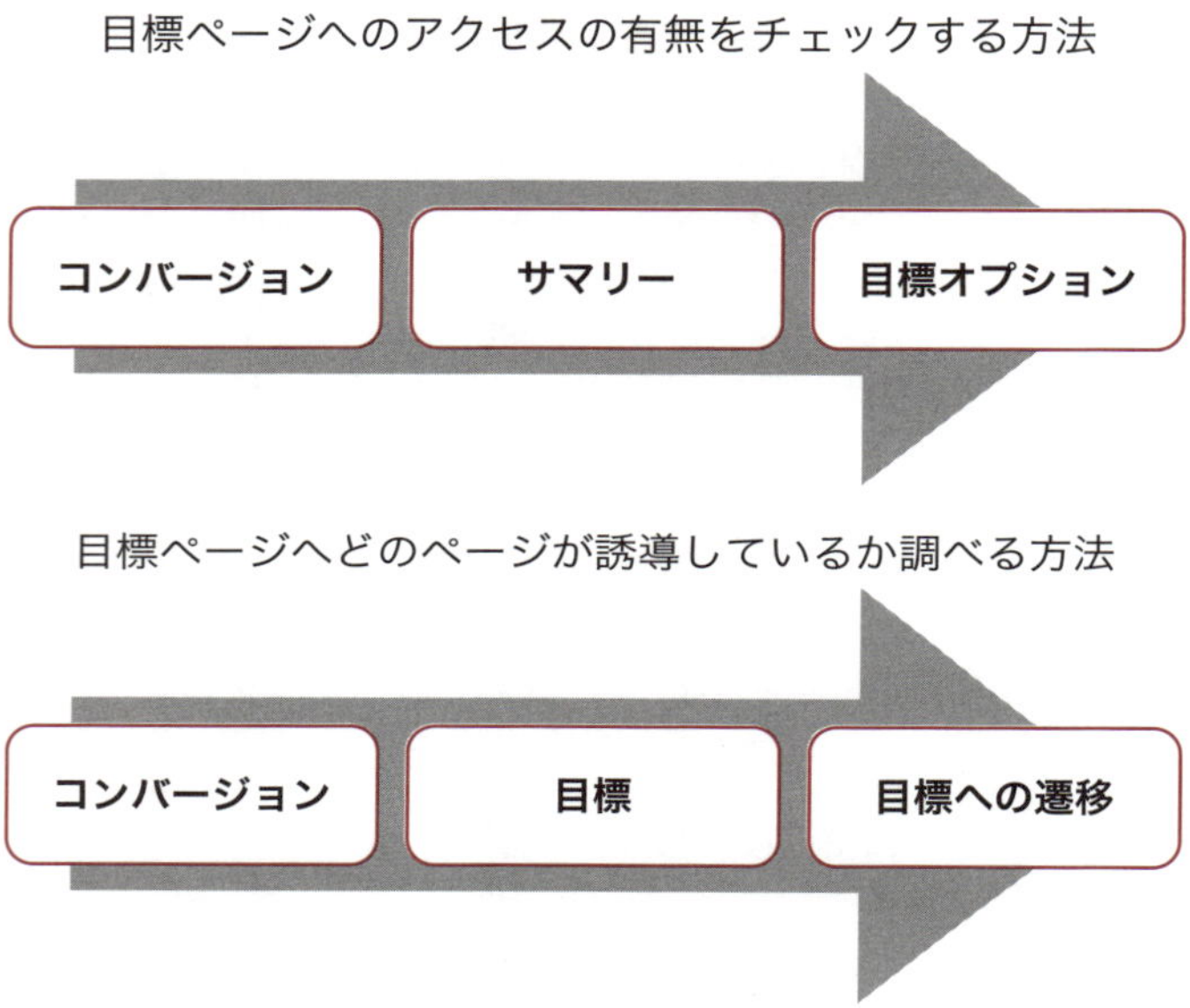
目標ページへのアクセスの有無をチェックする方法
コンバージョン
サマリー
目標オプション
目標ページへどのページが誘導しているか調べる方法
コンバージョン
目標
目標への遷移

ここでの目的は「あなたが最もアクセスしてほしい」ページへアクセスがそもそもあるのか、そしてそのページへのアクセスの経路がどこなのかを知ることです。この次のステップで使うので、洗い出しておきましょう。

ブログ集客「仕組み化」の3つのポイント

②　アクセスアップ対策

①のコンバージョン測定で導線となるページを把握できたところで、そこからアクセスアップにどうつなげるか、このステップで詰めていきます。

次の2つのワークを実施し、対象の記事をリライトする準備を行います。

1）ブログのアクセス数を底上げしてくれる記事の洗い出し
2）アクセスアップさせたい記事のキーワードの抽出

まずは、1）ブログのアクセス数を底上げしてくれる記事の洗い出しです。

一般に、ブログ全体のアクセスのうち約8割を集めてくれるのは、実は全体の2割ほどの記事であるという傾向があります。

アクセスアップ対象となる記事の中には、集客と直接的に結びつかないものもあります。しかしながら、**ブログのコンセプトに沿った記事であれば、見込み客がアクセスしてくれる可能性は十分**

に見込めますし、おまけにブログのドメインも強くしてくれるので、ＳＥＯ対策として効果が期待できます。

ということは、たとえ集客に直接結びつかなくても、これらの恩恵を受けられる記事を育てない手はないですよね。

そこで、あなたのブログの中で、ブログにアクセスを流してくれる記事（＝看板記事）がどれなのかをリストアップします。

ここでリストアップした記事にまだ検索順位を上げる余力があれば、記事にリライトを施すことで、アクセス数を大きく増やせるようになります。

具体的なリサーチ方法を次ページより図を交えながらお示ししていきますので、順を追ってワークを進めてください。

なお、リサーチ画面に「クエリ」というワードがひんぱんに登場します。キーワードと混同しがちですが、立場により意味合いが異なるので、ご注意ください。念のため**図６⑤**にキーワードとクエリの関係をお示しします。

図6⑤　キーワードとクエリの関係

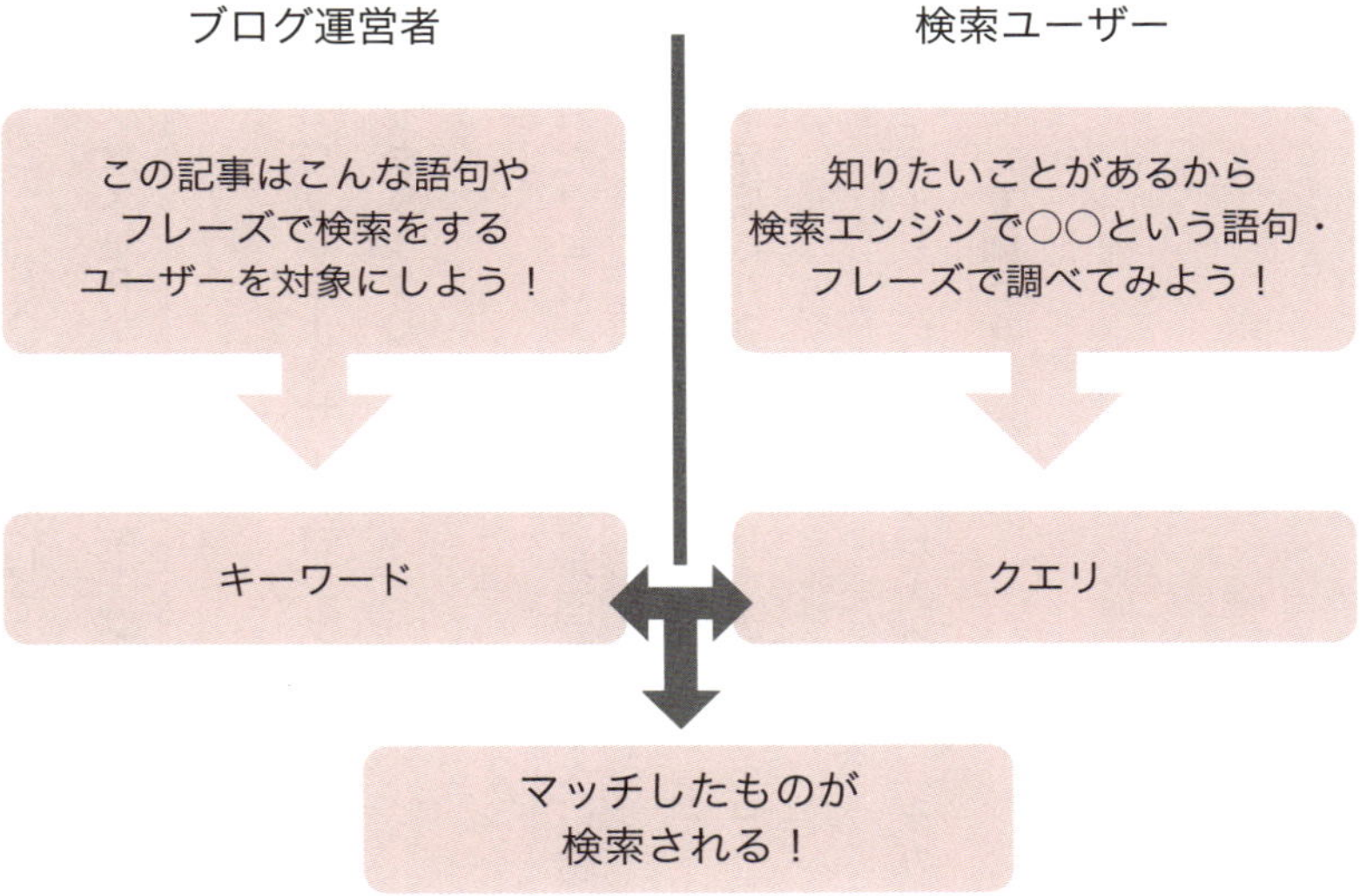
ブログ運営者
検索ユーザー
この記事はこんな語句や
フレーズで検索をする
ユーザーを対象にしよう！
知りたいことがあるから
検索エンジンで○○という語句・
フレーズで調べてみよう！
キーワード
クエリ
マッチしたものが
検索される！

簡単に言うと、
キーワードはブログ運営側（あなた）が記事に指定する語句やフレーズ。
クエリは検索ユーザーが使う語句やフレーズを指します。
一見ややこしいですが、「キーワードとクエリが合致したものが検索からアクセスされる」と覚えると良いでしょう。

1）ブログのアクセス数を底上げしてくれる記事の洗い出し

（A）アクセスUPが見込めるキーワードでインデックスされている記事のリサーチ方法

❶ 最初に、Googleサーチコンソールにアクセスし、自分のページを開き「検索アナリティクス」をクリックします。

⬇

❷ 表示されたクエリ一覧は、「表示回数」で多い順に並び替えを行ってください。

⬇

❸ 次に、表示回数が多い「クエリ」の行一番右にある矢印マークをクリックしてください。

⬇

❹ 最後に「ページ」にチェックを入れると、そのクエリで検索されている記事のURLが表示されます（▼**図6**⑥参照）。

図6⑥ アクセスアップが見込めるキーワードでインデックスされている記事のリサーチ方法

検索アナリティクス

↓

表示回数の多い順に並び替える（＊1）

↓

表示回数が多いクエリを選択（＊2）

↓

詳細画面で「ページ」をクリックし、どの記事かチェックする（＊3）

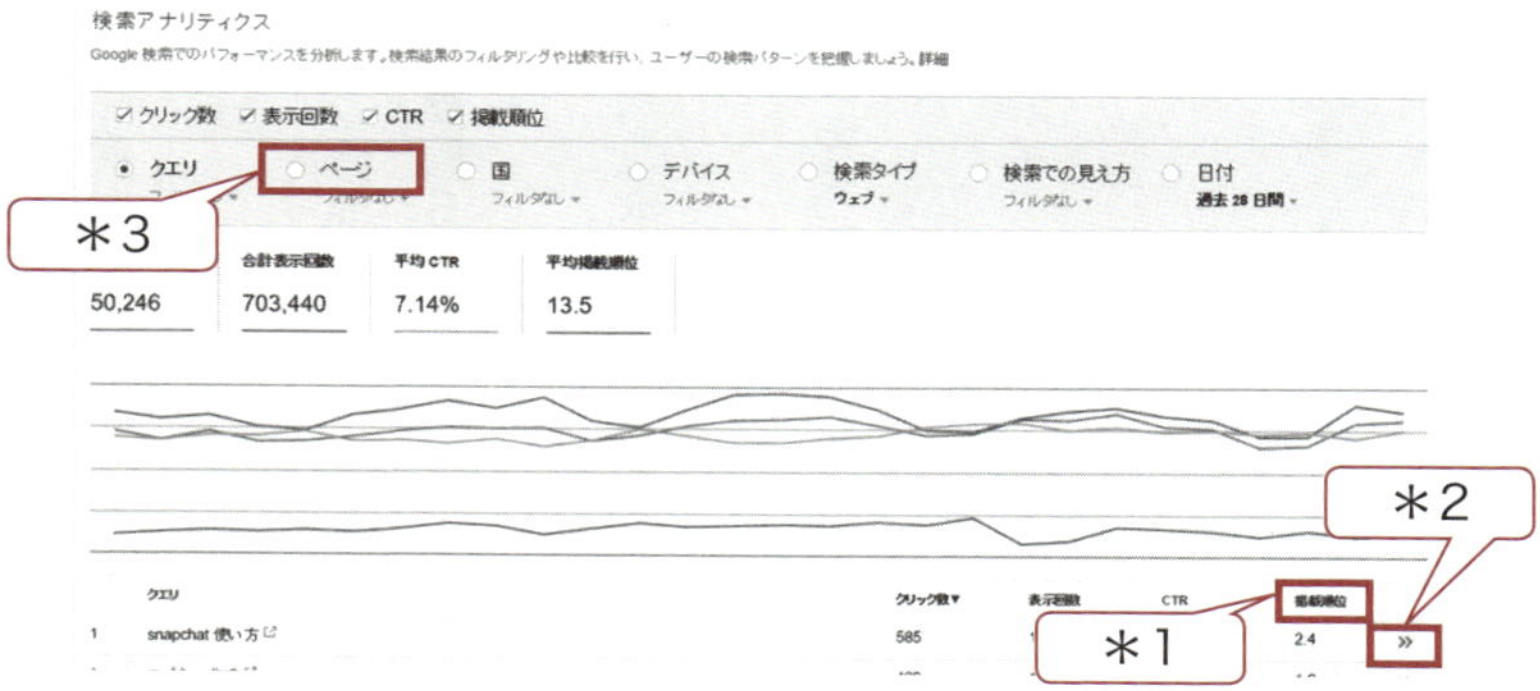

ここでの目的は「あなたのブログにアクセスを集めてくれる記事とそのクエリが何か」を洗い出すことです。

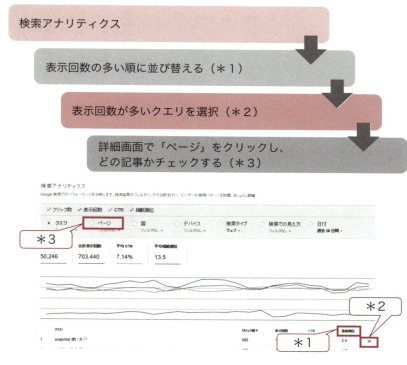

1）ブログのアクセス数を底上げしてくれる記事の洗い出し

（B）アクセスUPが見込める記事からリライトするキーワードをリサーチする方法

次に、キーワードではなく、アクセスアップが見込める記事から、どのキーワードでリライトするのかを決める方法についてお話しします（▼**図6⑦**参照）。

❶ キーワードではなく記事で調べる場合は、「ページ」にチェックを入れます。

⬇

❷ すると、クリック数の多い順に各ページの表示回数やCTR、掲載順位が表示されます。

⬇

❸ 同じページの左端にある「クエリ」にチェックを入れます。すると、画面下に特定の記事がインデックスされているキーワードが一覧表示されます。

以上、（A）（B）2つのリサーチ方法で、記事とキーワードの両面から的確にアクセスアップを目指しましょう。

図6⑦　アクセスアップが見込める記事から リライトするキーワードをリサーチする方法

検索アナリティクス

↓

ページにチェックを入れる（＊1）

↓

表示回数が多い順に並び替える（＊2）

↓

表示回数が多いURLの詳細をクリック

↓

詳細画面で「クエリ」をクリックし、
クエリをチェックする（＊4）

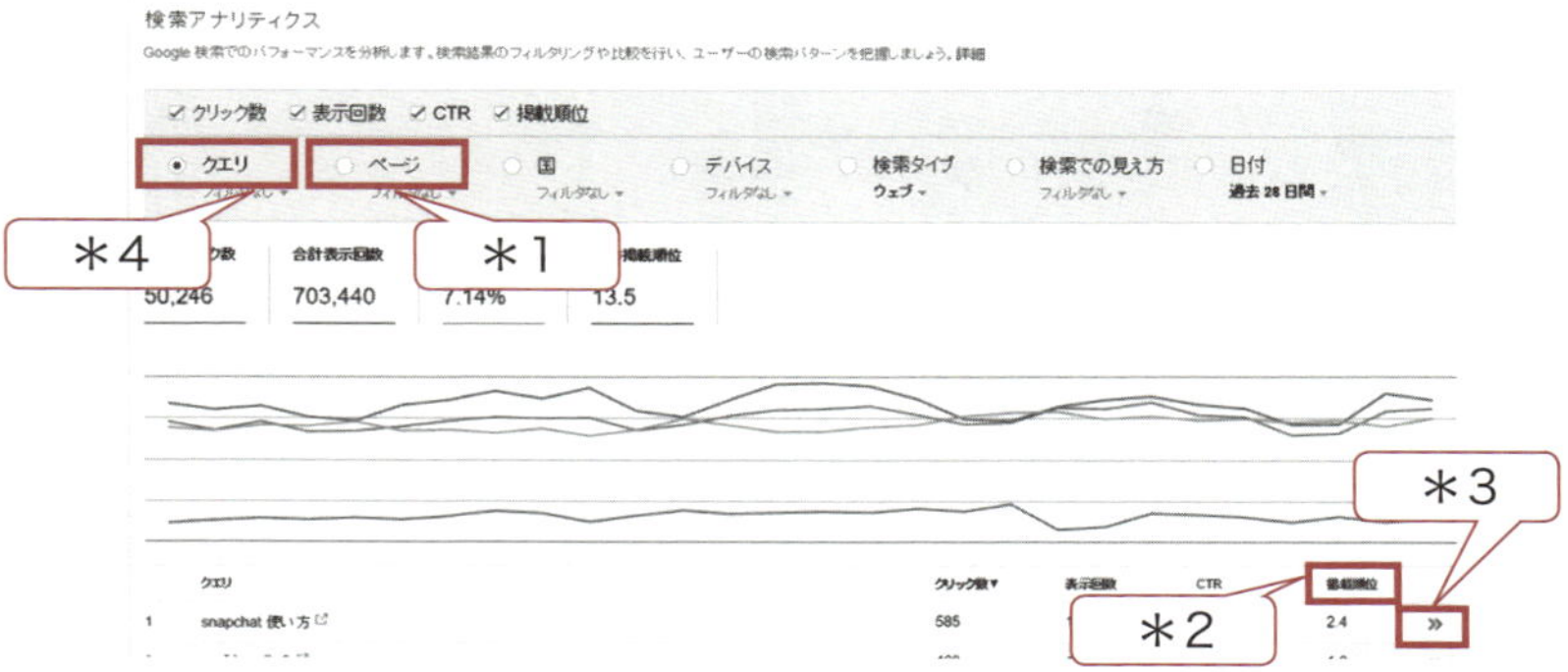

クエリからの解析との違いは、その記事がインデックスされているキーワードが広く拾える点にあります。

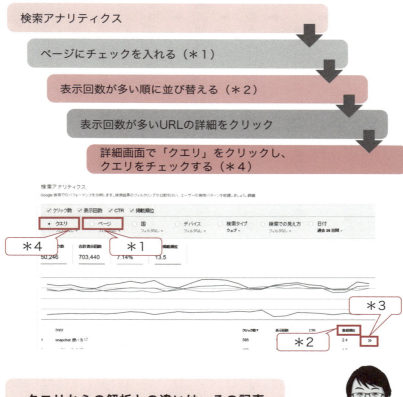

2）アクセスUPさせたい記事のキーワードを見極める

（A）アクセスアップさせたい記事が検索されているクエリを洗い出す方法

今度は、検索上位に掲載したい記事の「インデックスの状況」をチェックします（▼図6⑧参照）。

❶ Googleサーチコンソールで自分のページを開き、「検索アナリティクス」をクリック。

⬅

❷ 表示画面にて「フィルタなし」を、続く画面で「ページをフィルタ」をクリックしてください。

⬅

❸ 表示画面にて「次を含むURL」をクリック、さらに「URLが一致」をクリックします。

⬅

❹ 次に、検索順位の知りたい記事のURLを入力し、「フィルタ」をクリックします。

⬅

❺ 画面が切り替わったら、「クリック数」「表示回数」「CTR」「掲載順位」、さらに「クエリ」にチェックを入れてください。画面下にその記事がどんなキーワードでインデックスされているのか、そのキーワードで何位か、どれだけクリックされているのかが一覧表示されます。

図6⑧　アクセスアップさせたい記事が検索されているクエリを洗い出す方法

検索アナリティクス

↓

「ページをフィルタ」内の「URLが一致」をクリック（＊1）

↓

クエリを調べたい記事のURLを入力し「フィルタ」をクリック（＊2）

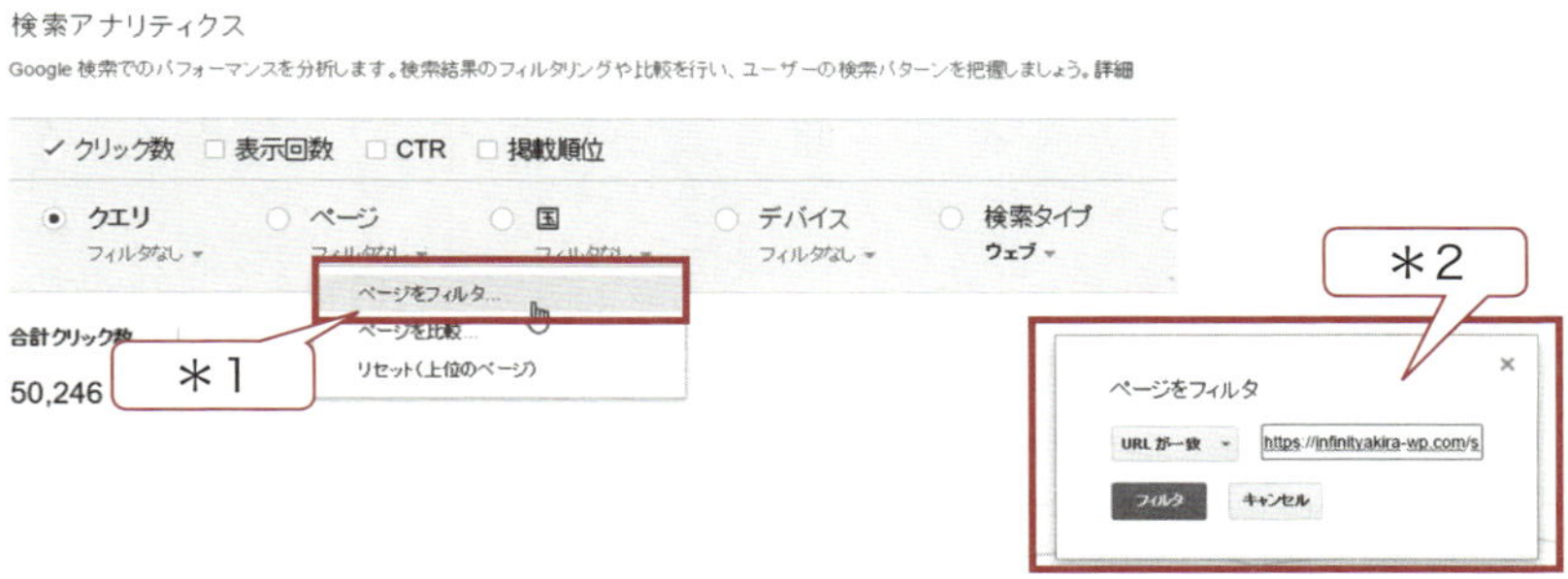

コンバージョン測定で絞り込んだ導線記事のキーワードはここで洗い出しましょう！

2）アクセスUPさせたい記事のキーワードを見極める

（B）狙ったキーワードのインデックスリサーチ方法

さて、次は狙ったキーワードの抽出・インデックス状況の確認です。

このリサーチを行うことで、

- ● あなたがアクセスアップさせたい記事のキーワード
- ● 検索上位を狙いたいキーワードがインデックスされているかどうか

について把握することができます（▶図6⑨参照）。

❶「検索アナリティクス」にて「クエリをフィルタ」をクリック。

⬇

❷ 調べたいキーワードを入力し「フィルタ」をクリック

⬇

❸ 狙っている単一又は複合のキーワードのクリック数・表示回数・CTR・掲載順位が一覧表示されます。

図6⑨ 狙ったキーワードのインデックスリサーチ方法

検索アナリティクス

↓

「クエリ」メニュー内の「クエリをフィルタ」をクリック（＊1）

↓

調べたいキーワードを入力し「フィルタ」をクリックする（＊2）

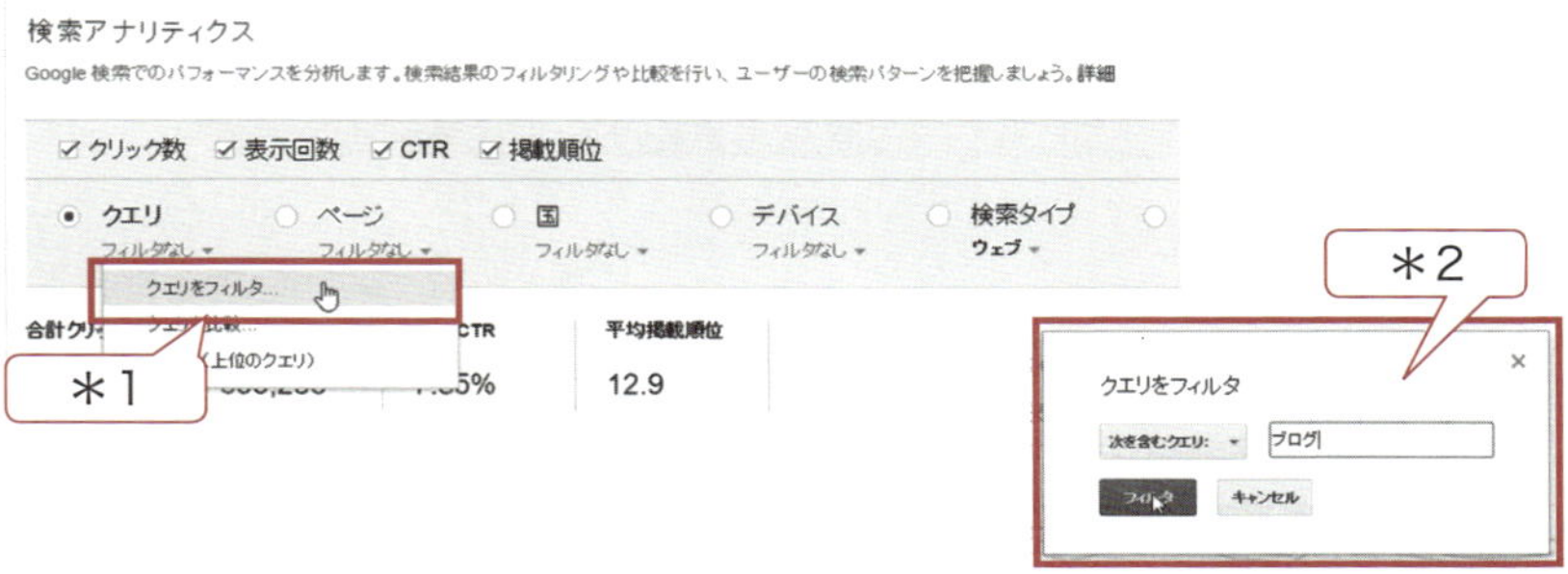

これにより、あなたが狙ったキーワードでどの記事・ページがインデックスされているのかがわかります。

図6⑩　解析を通し洗い出すポイント

- 集客導線となる記事・ページとそのキーワード
- さらなるアクセスアップが見込める
看板記事・ページとそのキーワード
- 狙ったキーワードでのインデックスの有無と
その記事・ページ

**これらはすべて、リライトでさらに
パワーアップさせることができます！**

**ここまでのワークでこれらのポイントを
洗い出すことができました！
ここからは、これらの記事を狙ったキー
ワードで検索上位に表示させるためのリ
ライトを行っていきます。**

ブログ集客「仕組み化」の3つのポイント

③ ブログ内の回遊率向上対策

ブログは運営していくにつれてカテゴリー内の記事が増えていきますが、記事ごとにつながりがなく、独立した状態になってしまうケースがしばしば起こります。

そうなると、読者にブログ内を回遊してもらえなかったり、用意してある関連記事の存在に気がついてもらえなくなってしまうんですね。そうした状態を打開するために、**関連記事どうしをお互いの記事内で内部リンクを使い、紐付けする工程が必要となる**わけです。

内部リンクを施すことは、**「関連記事」として、「○○に関してはこちらのB記事で解説しているので併せてお読みください」と関連記事へすぐにアクセスできるようにし、読者がブログ内で必要とする情報を簡単に取得できるようにしてあげる**ことが狙いです。

また、この工程を踏むことで、記事が孤立してしまうという事態を防ぐことができますので、くまなくブログ内で回遊してもらいやすくなります。

ワンポイントアドバイス

●『内部リンク』

ブログ内のA記事にB記事のリンクを設置してアクセス可能にする一連の工程を指します。

●『アンカーリンク』

ブログ内A記事にB記事内の特定の個所（例えば見出しが3つあったら、そのうちの2つ目の見出し）へのリンクを設置し、クリックをすると記事の最初ではなく、指定をした見出しから読み進められるようにすることを言います。

カテゴリーごとに記事を整理し、足りない情報（記事）がないかのチェック、さらには新たなネタ発掘のきっかけにもなりますので、ぜひこの2つのリンクは意識して行ってください。

検索順位を上げ見込み客から継続的にアクセスを集めるブログ記事のリライトテクニック

ブログ集客を行う上で新規記事のリリースは大切ですが、実はもっと大切なことがあります。それは記事のリライト、つまりメンテナンスです。

結論からお伝えすると、**ブログのリライトを正しく実行すれば、検索順位を上昇させ、アクセス数やお問い合わせ件数を増やすことは十分に可能です。**

冒頭から「ブログは作って終わりではない」とお話ししていたのは、実はこうした理由があるからなのです。**ブログの記事はリリースしてからが本当の勝負であり、インデックスされたらアクセスが集められる絶好のチャンスなのです。**

一部で他人の記事を自分の言葉に置き換えて記事にすることをリライトだと思われている方もいらっしゃいますが、これはただのコピーコンテンツであり、読者には必要とされません。

以前、記事のリライトについて調べたことがあったのですが、「Ｇｏｏｇｌｅのペナルティ対象になり検索順位が落とされてしまった」「リライトを施したことで検索順位が上がりアクセスが増えた」と意見が真二つに分かれており、その時はリライトを施すことが検索順位に影響するのかしないのか、結局のところわかりませんでした。

そこで、実際に自分で検証してみることにしました。すると、リライトを施したことで検索順位が下がった記事は１本もなく、逆に９割の記事の順位が上昇したのです。

この結果からもおわかりの通り、**Ｇｏｏｇｌｅや検索エンジンのコンセプトを組んだ上でリライトを施せば、ＳＥＯ効果はほぼ確実に現れると言っても過言ではないでしょう。**

では、ブログ記事にリライトを施す際のポイントについて説明します。まずは次の手順を押さえてください。

❶ リライト対象記事を選定する
❷ 対象記事のインデックスの有無と検索キーワードをチェックする
Ｇｏｏｇｌｅ「コンバージョン測定した記事」「アクセスアップ対象記事」の選定を行う
❸ 検索キーワードでライバルサイトをチェックする

❹リサーチ結果をもとに「リライトで記事の精読率を高める16のポイント」（▼P257～275）を実施する
❺Googleに更新を通知する

ここからは、❸以降の手順について解説をしていきます。

まず、記事のリライトをする上で最も大切なことは「そのキーワードで上位に掲載されているライバルサイトのリサーチ」です。

リサーチをする上で最も大切なのは、情報の網羅性ではなく「そのキーワードで検索をするユーザーは結局何を知りたくて検索をしているのか」という〝意図〟を把握すること、そしてその意図に正しく答えることです。

これらは情報を網羅することでまかなえるケースもあるのですが、専門家が読むと「この情報の内容は正確ではないな」という場合も事実あるのです。

そんな事態を回避するために、これからあなたに4）に掲げた「リライト16のポイント」を伝授します。ここで示すポイントと照らし合わせ、「本当のところ読者はどう考えているのだろう？」

「どんな心理状況でこの記事を読んでいるのだろうか?」と読者目線で進めてみてください。

Googleが発表している検索エンジンで上位にランクされる条件として、次の3つが掲げられています。

A) 被リンク(第1位)
B) コンテンツの質(第2位)
C) ランクブレイン(第2位)

これらはそれぞれ、

A) 被リンク:他人から「この記事(コンテンツ)は優良だ!」という証に、あなたのブログのURLを掲載・紹介してもらうことで得られる信用・評価
B) コンテンツの質:検索ユーザーが求めていること(検索意図)を把握し、可能な限りわかりやすく伝え、彼らの要求を満たすこと
C) ランクブレイン:GoogleのAIが判断する検索結果の傾向

といった意味を有しています。

さて、ここでちょっと考えてみましょう。

被リンクは他者からの評価なので、こちらで操作することはできませんよね。

コンテンツの質は非常に重要なのですが、検索されるという特質を的確に把握できていなければ、たとえ読んで役立つ記事であったとしても、必ずしも検索上位に掲載されるとは限りません。

そして、ランクブレインについて。検索の世界を攻略するためには、キーワードで上位に上がる傾向のあるコンテンツの質や癖を知っておく必要はあります。ただし、これだけでは検索ユーザーの検索意図と合致するとは言いきれず、キュレーションメディアのように情報をテクニカルに網羅しただけになってしまいます。

つまり、これらを整理すると、**検索で上位に掲載される傾向（ランクブレイン）を把握した上で、いかに検索者に寄り添えるかというバランス感覚が超重要になってくる**わけです。

では、そのバランスをとるためには一体どのようにしたらいいのか？　この先でお伝えする「**リライトで記事の精読率を高める16のポイント**」でチェックをするにあたり、必ず今からお伝えする方法でキーワードのリサーチを行ってください。

❶まず、検索で上位に掲載されたいキーワードで検索をして、最低でも上位5位、できれば10位まではランクインされた記事に目を通してください。そして、それら5～10本の記事に共通する情報を見つけ出します。**こうして抽出された共通事項こそが、読者が求めている答えであり、検索される記事にリライトするためのネタとなります。**

❷その上で、**自分が書いた記事と同じ内容か、違うものかをチェックし、自分の記事に不足している点や誤った解釈をしている箇所を修正します。**実は検索上位に上がれない一番の原因は、ほとんどがこの部分に問題があります。修正方法としては、よりわかりやすく解釈を加える、画像をオリジナルのものに差し替える、不足している情報を追記する、最新の情報に変更する等して、さらに記事のクオリティを高めます。

❸最後に、共通するタイトルにキーワードを書き出し、自分の記事のタイトルとどう違うのかを調べて修正します。重要なのは、**そのブログ記事を読んで読者の悩みがなぜ、どのように解決できるのか、タイトルで端的にアピールすること**です。

注意点として、リライトをする際、更新前の情報は必ず保存（＝バックアップ）してください。

私の場合は、メモ帳に変更点とともにわかるように保存しています。なぜこのような手間のかかることをするのかというと、**万が一検索順位が落ちてしまった場合、元に戻すことで順位を回復させることができる**からです。

一気にリライトをかける場合は、エクセルシート等でいつ、どの記事をどのようにリライトしたのかが把握できるようにしておくことをお勧めします。ちょっと面倒に感じるかもしれませんが、ひとたびルーティンワークにしてしまえば、すぐに慣れます。

では、記事の精読率を高めるためのリライトのポイントについて、説明を進めます。

リライトで記事の精読率を高める16のポイント

① 記事のキーワードが何か的確に押さえられているか

まず大切なのは、なんといっても「キーワード」です。

ブログは漠然と書いてもアクセスが集まりません。なぜなら、検索ユーザーはキーワードを使って検索をするからです。

リライトをする際にはまず、あなたの記事がどんなキーワードで検索されるために書かれたのか、ということを思い返してください。

リライトで記事の精読率を高める16のポイント

② 検索されたいキーワードがタイトルに盛り込まれているか

次に、狙ったキーワードがタイトルに適切に盛り込まれているか、確認してください。

検索ユーザーは、検索結果のタイトルを見てその記事を読むかどうかを判断します。

例えば、新宿駅近くのラーメン屋の特集をした記事があったとします。検索ユーザーの多くは『新宿　駅近　ラーメン』などのキーワードで検索をしますよね。この時、**検索結果で表示されるタイトルにもこれらのキーワードが盛り込まれていないと、その記事が目的のものかどうか判別がつきません。**

タイトルの参考に実際にそのキーワードで検索をしてみると、どのようなタイトルが検索上位に表示されているかがわかりますので、リサーチをして盛り込み方を真似てみましょう！

リライトで記事の精読率を高める16のポイント

③ 検索されたいキーワードに対し記事が回答できているか

次に、「検索されるキーワードに対して回答できる記事になっているか」を確認してください。なぜなら、**検索するユーザーはそのキーワードを使って回答を求めている**からです。

例えば、**図6⑪**にお示ししたようなリライトを行っていては、いくらキーワードを狙っても検索上位に掲載されることはありません。

こうした例は本当によく見受けられるのですが、実際に検索をしてみると、そのキーワードの検索結果と記事の中身が大きく異なることがわかります。

図6⑪　よくある間違い３つのケース

【間違い例１】
ブログの記事の書き方について書いた…
「WordPress ブログ」のキーワードを狙おう！

【間違い例２】
腰痛の原因について書いた…
「○○駅 整骨院」のキーワードを狙おう！

【間違い例３】
「新宿 ママ友 ランチ」のキーワードを狙って
新宿のオシャレなカフェの紹介記事を書こう！

**検索ユーザーが求めていることを要約したものがキーワードです！
Googleに対し「このキーワードで検索されるようにしてください」と申請をするものではないので注意しましょう！**

正しいリライト記事に書き換えるポイント

【間違い例1の場合】

⬅

記事の中身は「ブログ記事の書き方」について回答する。

ターゲットは「ブログ記事の書き方」を知りたい人であり、ＷｏｒｄＰｒｅｓｓブログについて検索をしている人が求めている答えではない。

【間違い例2の場合】

⬅

記事の中身は「腰痛の原因」について言及する。ターゲットは「腰痛の原因」を知りたい人であり、○○駅の整骨院ついて検索をしている人が求めている答えではない。

【間違い例3の場合】

⬅

ママ友は「子連れでランチができる場所」を知りたいのであり、オシャレかどうかは実は二の次。つまり、ママ友たちと子連れでランチが食べられる、新宿近辺（駅近だとなお良い）のお店の情報を記事にすることが大切。

このように、答えを知った上で改めて読み直してみると、「確かに元の記事のままでは検索されないな……」と思われたのではないでしょうか。

こうしたキーワードと記事の内容のずれが確認できた場合は、2通りのリライト方法があります。

❶キーワードに合わせた記事の中身に修正をする

キーワードに記事の中身を寄せる。

❷記事の中身に合わせたキーワードを再度選定し、タイトルに盛り込む

記事の中身にあったキーワードに寄せる。

要はキーワードに合わせるか、記事内容に寄っていくかの違いですが、いずれにせよ、「ずれ」を修正するポイントとして、意識してリライトしましょう。

リライトで記事の精読率を高める16のポイント

④ 冒頭文は端的に結論を述べているか

タイトルでクリックした後に検索ユーザーが読むのは、記事の冒頭文章です。なぜなら、読み進める前に「この記事に読む時間を割いて、果たして欲しかった回答が得られるのか」と判断をするからです。

ですので、**記事の冒頭文章では端的に結論を述べるようにまとめてください。**

同時に、**「他にはないコンセプト（切り口）を記述する」**のも効果があります。情報は似たり寄ったりなので、このコンセプトひとつで大きく差別化ができるわけです。

例えば、実際に検証をしてみた等が挙げられます。また同時に、冒頭の記事の概要は『検索結果の記事の概要部分に適用されるケースが多くあります』。

似たようなタイトルばかり検索結果が並ぶ場合には、記事の概要で判断する検索ユーザーも多くいますので、ここは決して手を抜かないでくださいね。

リライトで記事の精読率を高める16のポイント

⑤ 見出しタグは適切に使えているか

次に、「見出しタグを適切に使えているのか」ということを確認してください。

よく勘違いしている方がいますが、見出しタグは文字を強調する装飾機能ではありません。

見出しタグとは、読者及び検索エンジンそれぞれに、あなたのブログ記事の構成を的確に伝えるために用いる技術を指します。ゆえに、SEOにも大きく影響する大切な要素なのです。

見出しタグは原則的に『h2』（記事の中で2番目に大きい見出し）を使用してください。

中には『h1』を使われる方がいますが、タイトルで1度使われているため、本文中では使用しません。

図6⑫のように、見出しを使い分けてください。

図6⑫　見出しタグと記事の構成例

タイトル（h 1）

冒頭（リード文）

見出し（h 2）

見出しの中身（文章 / 画像）

見出しをさらに細かくしたポイント（h 3）

見出しの中身（文章 / 画像）

見出し（h 2）

見出しの中身（文章 / 画像）

見出し（h 2）

見出しの中身（文章 / 画像）

③まとめ（h 2）

〈チャプター5〉でお伝えしたように、見出しだけで記事で読者が解決したいことが網羅されているかどうかがわかるようにしましょう。

リライトで記事の精読率を高める16のポイント

⑥ 見出しの流し読みで記事の概要が把握できるか

多くの検索ユーザーは、じっくりと読みこむ前にざっと流し読みをし、自分の欲しかった情報がどこにあるのかを把握しようとする傾向が強くあります。実際、あなたも日頃記事を読む時、まずは流し読みをすることがないでしょうか。同じことを検索ユーザーもするということです。

ここで重要になるのが、実は「見出し」なのです。

見出しは流し読みの時に自然と目にとび込んでくるので、「ここにこんな情報があったのか！」と拾ってもらいやすくなります。ゆえに、**見出しでは検索ユーザーが欲しい情報の要点を必ず記述してください。**

リライトで記事の精読率を高める16のポイント

⑦ 検索者が知りたい順番に記事が書かれているか

次に、「検索ユーザー知りたい順に記事が構成されているか」を確認してください。いくら内容が濃くても、知りたい順番に情報が得られないと検索ユーザーはストレスを抱えてしまいます。

例えば、カレーの作り方の記事があったとします。最初に煮込むところから始まらないですよね。具材や道具をそろえるところから始まるはずです。

ちょっと極端ではありますが、特定のキーワードで検索をするユーザーは、得てして答えを知る「順番」も知りたがっています。

その点を常に念頭に置いて、**上から書かれている順に実践すればその通りになるように記事を構成してくださいね。**

リライトで記事の精読率を高める16のポイント

⑧ 記事の情報は古くないか、最新か

大抵の情報は、半年～1年も経過すると古くなってしまいます。特にトレンドで移り変わりの激しいジャンルやアプリやツールなどの解説記事は、定期的な情報のアップデートが必要です。

例えば、Facebook1つとっても、半年もたてばレイアウトや仕様の変更が必ずあります。

多くの情報が一度公開されたそのままなのであれば、最新の情報に差し替えるだけでもかなり効果があるということです。

特に、検索の際に古い情報のままのブログやサイトが検索上位に掲載されている場合は、絶好のチャンスと言えます。

なお、情報を最新のものに更新した際は、冒頭で「記事を更新しました！」とその旨を掲載すると、より読者への信頼性が高まります。

リライトで記事の精読率を高める16のポイント

⑨ 参照サイトはリンク切れ等古くないか

外部サイトへのリンクをしていたら、気がつくと記事がなくなってしまっていることがあったりします。場合によっては、あなたのブログ内の記事が削除やリライトなどでリンクが変わっていたり、切れているケースもあります。

参照元のサイトとして掲載している場合も、その情報が古くなっているケースも起こります。その場合は最新の情報が掲載された記事のリンクに貼り替えましょう。

リライトで記事の精読率を高める16のポイント

⑩ 記事が中途半端で情報が不足していないか

情報が不足している場合としては、いくつかのケースが考えられます。例えば、最新の情報についてまだ記事化していないケース。これは時間の経過により情報が古くなった時に起こり得ます。
また、実際に検索をしてみるとライバル記事に比べて情報が不足しているケースもあるかもしれません。とすれば、ライバルチェックも定期的に行う必要があります。

重要なことは「**検索ユーザーの欲しい情報として十分なのか**」です。特定のキーワードで検索をするユーザーは、その回答を求めています。答えとして的を得たものであるか、要件を満たしているかに着目し、見直しをかけてください。

リライトで記事の精読率を高める16のポイント

⑪　余計な情報はないか

情報は多ければ良いわけではありません。求められている答え以上のものは原則不要です。それでも、たまに伝えたいことがあり、話がそれた記事になってしまう場合があります。

しかし、検索ユーザーはあくまで解決策を知りたいだけなので、**極力余計な情報は盛り込まない**

ようにするのが賢明です。

どうしても伝えたい場合は、あとがきや、まとめで関連記事として紹介をするという手がありますので、本文と切り分けて記述するようにしましょう。

リライトで記事の精読率を高める16のポイント

⑫ わかりやすい言葉で丁寧に解説されているか

これは専門家の方に多く見られる傾向ですが、**一般に悩んで検索をしているユーザーは、「言葉の専門性よりもいかに自分にわかりやすいか」を重要視します。**

検索ユーザーは、意味がわからなくて検索をしています。極力かみ砕いた言葉を使って説明してください。

どうしても専門用語を使わなくてはならない場合は、注釈をつけて、その専門用語がどのような意味なのかを記事内で必ずフォローアップしてください。

言葉がわからなくて記事から離脱されてしまうことだけは、絶対避けましょう。

リライトで記事の精読率を高める16のポイント

⑬ 文字ばかりではなく、画像も適切に使えているか

リライトに必要なポイントは文章ばかりではありません。「画像は適切に使えているか」もしっかりと確認しましょう。

ブログは読み物ですが、画像や動画を使うことでより伝わりやすく、滞在時間を伸ばす効果もあります。

また、特に日本は漫画文化の浸透で漫画や絵に慣れ親しんでいるユーザーが多いこともあり、画像を使うと「わかりやすい」と喜ばれるケースが多々見受けられます。

より記事の中身の理解度を上げるため、**効果的な画像を加えたり、場合によっては動画を活用するようにしてください。**

リライトで記事の精読率を高める16のポイント

⑭ オリジナリティは出せているのか

次は「オリジナリティ」、独自性のチェックです。

情報が似たり寄ったりの記事では、当然ながらライバル記事とは差別化が図れません。だからと言って、無理に内容を盛り込んだりしなさいという意味ではありません。

例えば、**対話形式で解説をわかりやすくしたり、オリジナルの画像を使うだけでも差別化はできます。**

なお、ブログ上でのあなたの「キャラ」や「立ち位置」を決め、その視点で書くとファンがつきやすくなります。まだの方はぜひお試しくださいね！

リライトで記事の精読率を高める16のポイント

⑮ あなたの体験や意見は書いてあるか

ジャンルにもよりますが、情報が羅列されているだけでは、あなたのブログから読む価値を感じてもらえません。

そんな時にお勧めなのが、「あなたの体験や意見を掲載すること」です。

例えば、「実際に検証をした結果こうだったよ」や「こんな意見があるけど、私はこう思う」といったことです。**一部主観も含まれますが、こうしたところでオリジナリティが出せますし、「この人の意見に賛成だな！」「この人の解説はホントわかりやすい！」といった信用を得られるようになります。**

特に、集客をしたいのであれば、この「誰が書いているのか」を強調することが肝になります。

リライトで記事の精読率を高める16のポイント

⑯ リライトをしたらＧｏｏｇｌｅにいち早く通知しよう

最後に、リライトが終わったら**Ｆｅｔｃｈ ａｓ Ｇｏｏｇｌｅ機能を使い、Ｇｏｏｇｌｅにいち早く通知しましょう**。これを行うことで、あなたの記事をＧｏｏｇｌｅがいち早くピックアップし、最新の情報に更新してくれます。

ブログの魅力のひとつは、何度でもやり直せることです。継続こそが、ブログ集客をカタチにする唯一の王道なのです。

記事のリライトを継続的に行っていけば、後から検索順位は十分に上げることはできます。ですので、この段階で検索順位をやたら気にする必要はありません。時間の経過とともに変動幅は徐々に落ち着いてきます。３カ月程度は様子を見てください。

新規作成以上にリライトに手間をかけることでブログ全体の質が向上する！

というわけで、ここまで記事リライトの16のコツをお伝えしてきましたが、記事を書く上で、何においても「質」は最も重視すべき点です。

ライティングのツボや書き方がよくわからず、Ｇｏｏｇｌｅから思ったより記事を評価されない……そんな経験を、おそらくあなたもお持ちではないかと思います。昔の私も、そうでした。大抵の場合、ここでブログから離脱してしまいます。でも、決してあきらめてはいけません。重要なのはここからなのです。

何事も数稽古だと言われますが、ブログも例外ではありません。**定期的に記事を書いている人は文章力が向上しますし、伝える力も強くなります。**

ですので、リリース後改めて見直すと、「あれ、この文章おかしいぞ」とか「ここはこの表現の方が伝わりやすいぞ」といったことに気付けるのです。

また、一部の情報をもったいぶって記事にしない方がいますが、それはメルマガで記事化するほうがいいです。なぜなら、ブログではその場で解決方法がわかるものが評価されるからです。

ともあれ重要なのは、「自分にとってすごい情報だったからあなたにもいいはず」ではなく、「困っているあなたの解決方法として自分の持っているこの情報がありますよ」という考え方で記事を構成することです。

Googleのアルゴリズムは日々変化しています。大きなアップデートがあると一気にアクセスが増えるブログがある一方で、今までの方法が通用しなくなり検索順位を落としてしまったというのもよく耳にするお話です。

しかし、見方を変えれば、この現象が意味するのは**「質の高い記事（コンテンツ）が優先的に上位表示されやすくなってきている」**ということなのです。

パンダアップデートやペンギンアップデートは、ブラックハットSEOと呼ばれた小手先テクニックで量産されたサテライトサイトやコピペサイトを検索結果に表示されなくするのが主な目的ですからね。

「Ｇｏｏｇｌｅのアップデートで大変だ！」と騒ぎ立てる人がいますが、その暇があったら、以後その度に騒ぐことにならぬよう、ユーザーの検索意図を把握し、良質な記事を届けられるようにするのが得策です。

・・・・

以上のポイントをふまえ、ブログのＰＤＣＡは2周目へと突入していきます。2周目以降のＰＤＣＡの流れについては**図6⑬**にお示ししますので、ご確認ください。これまで実践してきたことを解析し、その結果をいつ、どのように実施していくのかを決めた上で実行していきましょう。

図6⑬　２周目以降のPDCAの流れ

P

何を・いつまでに・どれだけやるのかを決める
- 新規記事の作成/記事のリライト
- コンテンツの整理/LPの新規作成、改修

D

決めたプランに従いワークを進める
- ためずに『なるべく１回タスク』と、負荷をかけずコツコツとやる

C

ここまでの活動結果を『解析』を通し回収する
- 解析ツールの活用

A

『解析』結果から以下を選定し記事のリライト・新規作成案を決める
- ゴールにつながる記事
- スタートとなるアクセスが増やせる記事
- 加えてコンテンツの整理、コンセプト・ターゲットの見直しを行う

１周目は手探りだったと思いますが、２周目以降はルーティン化して粛々とワークをこなしましょう。

ここからの継続があなたのブログの成果と仕組み化を大きく左右します！

最後に、1周目のPDCAの手順を改めておさらいしておきます。

1）ブログのコンセプト・ターゲットを決める
2）ブログのコンセプトに沿ったカテゴリーを作る
3）お問い合わせやサービス内容が分かるページを作る
4）CTA・グルーバルメニュー・サイドメニュー（ウィジェット）を設定し、集客導線を構築する
5）解析ツールを設定する
6）カテゴリーに沿って記事を書く
7）3カ月を目途に解析ツールでチェックをし、
・リライト候補を選出する
・内部リンクの調整を行う
・導線になる記事に関連する記事を新規として何を書くのかを決める
8）7）をいつ実施するのかを決め、着手する

以降3カ月クールで7）と8）を実施していくことで、あなたが書く記事が集客に最もつながりやすいものとなり、絶えず見込み客からのブログへのアクセスを集められるようになります。

一覧でリストアップをするととてもシンプルですが、いざやってみるとなかなかハードなものも多くあると思います。しかし、後半になればなるほど何をすれば集客につながるのかが把握できるようになるので、ブログに割く時間はどんどん減っていきます。

細かいテクニックは沢山ありますが、何よりも大切なことはたった2つしかありません。

❶ あなたの見込み客に情報を確実に届けられるようにすること
❷ あなたの見込み客にとって最も信頼でき、頼れるブログ、運営者であること

ユーザビリティ、コンテンツの質など言われていますが、結局のところ、この2つを満たすために行うだけなのです。

ですので、**常に意識していただきたいのは、読者、見込み客の側に立ち、寄り添ってあげること**。

これさえ忘れなければ、何をどのようにして伝えればいいのか、だんだんと見えてくるようになります。

なかなか一発で100%とはなりませんが、継続していく中で必ずできるようになります。本書でお伝えしてきたコツは、あくまでそのための手段にすぎません。

あなたが力になれる方のために、どんどん情報を発信していってください。

あなたが発信する情報に価値を感じ、人柄・在り方に共感を覚えてもらえたのなら、自ずと集客できるようになります。あなたのビジネスが必要としている方に届き、そしてあなたとお客様双方が幸せになれるよう、心より願っています。

地道な作業ですが、必ず
成果は出ます。
あきらめずにＰＤＣＡを
回していきましょう！

Column 6 ブログがこれからもチャンスであり続ける理由

「今すぐ楽して誰でも簡単に」という方法が常に追い求められていて、実際に私たちの暮らしにおいても便利で効率的なモノやサービスは次々と登場しています。ですが、ビジネスの構築においては、障壁が高いほど競合の参入が少なくやりやすくなります。もっと言うと、対外的に真似できないと感じてもらえれば独壇場です。それは資金面に限ったことだけではありません。大変そう、面倒臭そう、難しそうと思わせたらチャンス到来！

ブログもそうです。意図したアクセスが集まればいいなと、誰もが思っていますが挫折者が後を絶ちません。だからこそ、旭さんの書籍をきっかけに壁を突破してほしいと強く思っています。専門家が情報発信を正しく発信していくことは、あなた自身のビジネスを円滑にし、ひいては検索の世界をより豊かにすることにつながります。書籍で基礎を固めて、時流によって変化する部分は旭さんのＵＰ Ｂｌｏｇで随時押さえる、さらにはサロンで直接添削を受けるという環境に身を置くなどして一気に壁を乗り越えてほしいと思っています。

一点突破、真逆に突き抜ける等、
他の追随を許さないオリジナリティ
を発揮できたらチャンスです！

Check List

Chapter 6の振り返り

- □ PDCAの2周目に向けて以下のチェックポイントを洗い出しましょう。
  - □ 1）アクセスを集めてくれる看板記事とそのキーワード
  - □ 2）集客につながっている記事とそのキーワード
  - □ 3）アクセスしてほしい記事のインデックス状況とそのキーワード

- □ 上記記事を検索上位にするため、実際にキーワードでリサーチを実施し、16のチェックポイントをもとにリライトを実施しましょう。

- □ 記事が孤立してアクセスしにくくなっていないかチェックし、特に同一カテゴリー内の記事は内部リンクとアンカーリンクを使い、関連記事として紹介しましょう。

- □ CTAの場所が適切か、クリックされているのかをチェックし、再調整しましょう。
  - □ 1）読者にわかりやすい場所に設置してありますか？
  - □ 2）CTAのコピーは見込み客に「これが欲しかったものだ」と伝わるものになっていますか？
  - □ 3）スマホだけではなく、PCからのアクセス時も意識してサイドメニュー（ウィジェット）も活用しましょう。

監修者からのメッセージ

本書を手に取っていただき、誠にありがとうございました。マーチャントブックス監修の菅 智晃です。本書は、実体験を通してたどり着いた普遍要素を紙面にまとめ、時代の流れと共に変動していく部分はブログで随時アップデートしていく形を取りました。再現性に細部までこだわり、喜んでもらいたいという旭さんの人柄が滲み出ている企画になったと感じています。

ビジネスは深掘りしていけばいくほど、難しく感じてしまう部分がありますが、シンプルにひと言で集約すれば「さあ、今日誰を喜ばせようか？」という気持ちひとつであり、綺麗事ではなくその積み重ねであると。15年の経験の中で私は確信しました。

私たち人間は意外と自分のこととなるとサボりがちです。でも、家族が熱で寝込んでいれば自発的に買い物に行ったり早く治る方法を調べたり、子どもの誕生日のサプライズ企画となれば徹夜も苦ではありません。友人が深く悩んでいたら何とかしたいと歩み寄るなど、無意識のうちに自発的な行動につながります。喜んでほしい人がいる、解決してあげたい人がいる、そんな時に120%の力が出てしまうのも私たち人間のすごいところです。

初めは身近な人達にとっての太陽となって光を照らして、その光を当てる範囲を少しずつ広げていくようなイメージです。笑顔の写真をどれだけ集めることができるか、ありがとうのメッセージを何個もらうことができるかといったゲーム性を持つなど、楽しむ工夫に関しては自由なところも醍醐味です。

例えば、マーケティングそのものを「大切な人へサプライズプレゼントを送るとしたら？」と置き換えて考えても大丈夫です。喜んでもらいたい人（対象）に、何をどのようにして届けるのか、さらに相手が想像しない一手を加えたらどんな反応をしてくれるのだろうか。考えるだけでもワクワクしてきませんか？

その成功率を上げるためにも、とことん学んで実践します。そして学びは「直接会う・対話する」ことで理解がより一層深まります。マーチャントブックスは、あなたと著者をつなげる架け橋でありたいという思いからスタートしました。旭さんが積み重ねてきた膨大な検証量も、わかりやすいように推敲・体系化して再現性にとことんこだわるのも、本書をきっかけとした出会いを楽しみにしている事も理由のひとつです。

ぜひ、本書をきっかけに旭さんにメールやＳＮＳで連絡をしてみてください。そこから始まる筋書きのない未来の体験を楽しんでほしいと思っております。

マーチャントブックス監修
株式会社アイマーチャント代表取締役　菅　智晃

おわりに

ブログを立ち上げる方法や稼ぐ方法、アクセスを集める方法、ライティングテクニックを教える書籍はすでに多数存在しています。しかし、「ブログを活用して集客を仕組み化するところ」にまで踏み込んだ書籍はあまり見たことがありません。

どれも素晴らしいノウハウや手法がまとめられているのですが、本書でお伝えしたように、これらはすべて「あなたが最終的に望むブログを仕組み化し、継続的に集客をし続けるためのひとつのピース」にすぎません。また、同時に「穴」が開いていることに気がつけなければ、たとえアクセスがあろうが継続的な集客につなげることはできません。

そこで、本書では細かなテクニックではなく、仕組み化にフォーカスしてお話をまとめました。

本編でお伝えしてきたように、集客を仕組み化するにはテクニックやノウハウよりも本質的な部分である「コンセプト」「ターゲット」を明確に打ち出し、これらに沿ったブログ作りをすること。さまざまなノウハウや手法については、やみくもに何でも集めるのではなく、どこで取り入れるのが良いか理解した上で取り入れること。そして何よりも「仕組み化」をするために具体的にどのような流れでブログを更新し、運営するのかという「全体像」を知った上で取り組むことが何よりも大切なのです。

インターネットが爆発的に普及し一般化したことより、現代人が1日に浴びる情報量は江戸時代の1年分、平安時代なら一生分とも言われています。

にもかかわらず、ある時こんなことを言われ、ショックを受けたことがあります「インターネットってロクな情報がないよね」と。物凄く悔しい気持ちになりました。世の中にはあなたのように素晴らしい商品やサービスを提供できる方がいらっしゃるのに、それに到達できていないのです。つまりは、情報量の多さゆえにユーザーは情報の取捨選択がしにくくなってきていると言えるわけです。

この「情報量が爆発的に増え続ける状態」は、間違いなくこれからも続きます。この先どんなに未来の技術が進歩しても、インターネットがなくなることはそうそうないでしょう。しかし、人が持つ本質的なものは何ひとつ変わらないと思います。それは、「より良い人生を送りたい」ということです。そして、それに貢献できる1人は間違いなく「あなた」だと思います。

私自身がインターネットに救ってきてもらいました。今仲良くしている多くの友人、人生の転機と出会ったのも、インターネットがあったからこそ。そしてブログをやってきたからこそです。本

おわりに

書は、そんな皆様への恩返しの気持ちも込めて書き上げました。

最後になりましたが、本書を完成させるにあたり、本当に沢山の方に助けていただきました。この場をお借りし、改めてお礼を述べさせてください。

執筆の機会を与えてくださった(株)アイマーチャントの菅 智晃さん、厚有出版(株)の金田 弘さん。なかなか原稿が進まないときも根気強く待ち、さまざまな角度でアドバイスをいただき、出版にこぎつけることができました。深く御礼申し上げます。

また、ブログというジャンルで大きく舵を切る決断をするキッカケをくださった、(株)ディスカバリーの長澤悠太さん、(株)BeTogether の我妻政明さん。

ビジネスモデル俯瞰し、的確なアドバイスをしてくださった伊藤勘司さん。ブログで舵を切るにあたり、多くを教えてくださり、励ましてくださった(株)ファンファーレの松原潤一さん。急なお願いにもかかわらず、快くキャラクターデザインを引き受けてくださったコンテアニメ工房の橋本賢介さん。書ききれませんが、本当に沢山の方のおかげで、今こうしてあとがきを書くことができています。本当にありがとうございました。

そして、起業、しかもブログという今までにないまったく新しい仕事をすることに文句ひとつ言わず、いつも献身的にサポートをしてくれた家内、内心ひやひやしているであろうに、いつも応援してくれている両家の親と兄弟たちにも心から感謝しています。いつもありがとう。

最後に、数多くあるブログ本の中から本書を手に取ってくださったあなたに、感謝の意を述べさせてください。

今、生き方は多様化しています。一見同じお仕事でもアプローチ、展開方法も無数に増えました。ブログもその中のひとつです。

あなたも是非、このブログの恩恵を受けていただきたいと思います。そして、あなたを必要としている沢山のユーザーに届けてください。そして、あなた自身のビジネスがより良くなり、ひいてはより良い人生になりますように。心より願っています。

このような機会に恵まれたことに感謝をこめて。ありがとうございました。

平成30年11月

佐藤　旭

MERCHANT BOOKS

起業家のための指南書シリーズ
『マーチャントブックス』

既刊本のご案内

Vol. 1 人生もビジネスも流されていればうまくいく

Amazon 本の総合売れ筋ランキング
堂々の1位獲得！

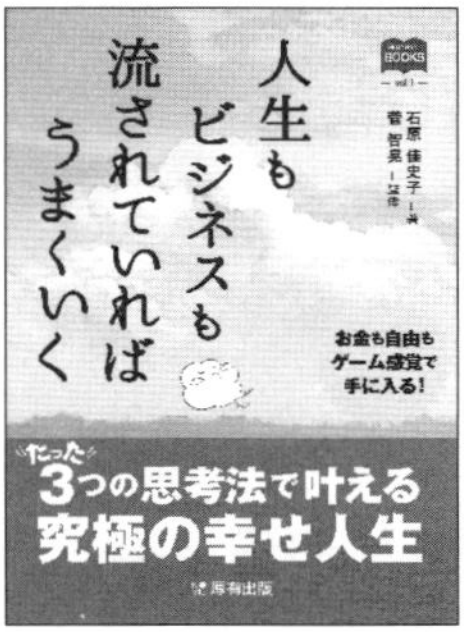

人生・ビジネスのステージを５段階に分け、成功をつかむための考え方や課題解決に、『二元論』を軸とした著者独自の思考法でフォーカス。今も未来も見据えながら、自由自在に世の中を生き抜くためのヒントが凝縮された1冊。

［著］石原佳史子　［監修］菅 智晃　Ａ5・250ページ　定価：本体1,800円＋税

Vol.2 ず――っと売れるWEBの仕組みのつくりかた

Amazon 部門別ランキング
三冠獲得！

売れ筋「ビジネス書」200冊ランキング
（東洋経済オンライン）４週連続ランクイン！

「少数のメールリストでも高単価の売上を生み出す仕組みづくりのポイント」を、リサーチ・商品設計・集客～販売の3ステップごとに、事例を織り交ぜながら解説。ゼロから始めて仕組みを育てる、王道のWEB集客術。

［著］伊藤勘司　［監修］菅 智晃　Ａ5・176ページ　定価：本体1,800円＋税

全国の書店またはAmazonで大好評発売中！
（書店にご注文の場合はお取り寄せに１週間程度かかることがございます）

［マーチャントブックス］vol.3
UP-BLOG　申込みが止まらないブログの作り方

平成30年12月4日　初版発行

著　者　　佐藤　旭
監修者　　菅　智晃
発行者　　上條章雄

厚有出版
〒106-0041 東京都港区麻布台1丁目11番10号 日総第22ビル7階
TEL. 03-6441-0389 FAX. 03-6441-0388
http://www.koyu-shuppan.com/

装丁・カバーデザイン　信川博希（インターマキシス）
本文デザイン　大橋智子
イラスト　ハシケン（コンテアニメ工房）
　青木拓也（HIRAKU DESIGN）
DTP　信東社
印刷・製本　東京スガキ印刷
編集担当　金田　弘

ISBN 978-4-906618-88-0